数字媒体技术与艺术美学的理论研究

孟子淋　赵兴彪　著

吉林人民出版社

图书在版编目（CIP）数据

数字媒体技术与艺术美学的理论研究 / 孟子淋，赵
兴彪著. -- 长春：吉林人民出版社，2023.7
ISBN 978-7-206-19910-3

Ⅰ．①数… Ⅱ．①孟… ②赵… Ⅲ．①数字技术－多
媒体技术－研究②艺术美学－研究 Ⅳ．①TP37②J01

中国版本图书馆 CIP 数据核字（2023）第197864号

数字媒体技术与艺术美学的理论研究
SHUZI MEITI JISHU YU YISHU MEIXUE DE LILUN YANJIU

著　　者：孟子淋　赵兴彪
责任编辑：赵梁爽　　　　　　　　封面设计：张田田
出版发行：吉林人民出版社（长春市人民大街 7548 号　邮政编码：130022）
印　　刷：河北创联印刷有限公司
开　　本：787mm×1092mm　　　　　1/16
印　　张：10.25　　　　　　　　　字　　数：150千字
标准书号：ISBN 978-7-206-19910-3
版　　次：2023年7月第1版　　　　印　　次：2023年7月第1次印刷
定　　价：68.00元

如发现印装质量问题，影响阅读，请与印刷厂联系调换。

前　言

　　数字媒体艺术作为一种概念，是 20 世纪 90 年代前后被提出来的，它是艺术精神与高科技手段相结合，以数字化媒体方式呈现出来的艺术形式的统称。对这样一个让人感到新鲜又陌生的学科领域，很多专家还在做深入的探讨和研究。随着数字时代的全面展开，这门学科也在不断发展与变化，同时网络力量对数字艺术的影响已经全面展现在我们的面前，发生在我们的学习与生活中。可以说，数字大潮已经汹涌而来。

　　数字媒体艺术专业是一门宽口径的以技术为主、艺术为辅，技术与艺术相结合的新专业。该专业的毕业生需要掌握信息与通信领域的基础理论与方法，具备数字媒体制作、传输与处理的专业知识和技能，并具有一定的艺术修养，能综合运用所学知识与技能去分析和解决实际问题。该专业旨在培养具有良好的科学素养及美术修养，既懂技术又懂艺术，能利用计算机新媒体设计工具进行艺术作品设计和创作的复合型应用设计人才；使学生能较好地掌握计算机科学与技术的基本理论、知识和技能，能熟练应用各种数字媒体制作软件，具有较好的美术鉴赏能力和一定的美术设计能力，能应用新的数字媒体创作工具从事平面设计、网络媒体制作、游戏设计、动画制作、数码视频编辑和数字化园林景观设计等方面的工作。

　　本书试图从数字媒体与艺术美学的现状出发，探索当下美学理论发展的方式及可能趋势，首先介绍了数字媒体的基本概念、传统媒体与数字媒体的融合、数字媒体的发展趋势；其次详细地分析了数字媒体艺术的基本理论、数字媒体文化传播的主要类型以及数字媒体文化传播与媒介；再次重点阐述了数字媒体的创意艺术、现代数字媒体艺术设计；最后对数字媒体艺术的审美进行了分析和研究。本书贴合数字平台的通用性特征，对各类数字媒体的构成方式、创作过程和技术方法进行了阐述，适合数字媒体、广播电视和动画等专业的学生使用，也可供相关行业从业者参考。

　　本书在写作过程中广泛参考了多位专家、学者、同人的研究成果，借鉴了有关书籍的内容，在此致以真诚的谢意。由于笔者水平有限，加之时间紧迫，书中一定会有不当之处，衷心希望学界同人以及广大读者提出宝贵意见，以便进一步完善。

孟子淋　赵兴彪

2022 年 9 月

目　录

第一章　数字媒体概述

20世纪60年代末，互联网出现，历经40年的全球化高速发展，互联网带来了全球数字化信息传播的革命。"一网打尽全世界"的互联网宣告了数字化时代的到来，以互联网作为信息互动传播载体的数字媒体已经成为继语言、文字和电子技术之后的最新信息载体。数字电视、数字图像、数字音乐、数字动漫、网络广告、数字摄影摄像、数字虚拟现实等基于互联网的新技术的开发，创造了全新的艺术样式和信息传播方式。人们现在接触到的有丰富多彩的电子游戏、播客视频、网络流媒体广告、多媒体电子出版物、虚拟音乐会、虚拟画廊和艺术博物馆、交互式小说、网上购物、虚拟逼真的三维空间网站，以及正在发展中的数字电视广播等。全新的数字媒体时代正在到来。数字媒体时代是互联网时代，是信息互动的时代。

第一节　数字媒体的基本概念

一、数字媒体的概念与类别

（一）数字媒体的概念

1.媒体的定义

媒体指传播信息的介质，通俗地说就是宣传平台，能为信息的传播提供平台的就可以被称为媒体。至于媒体的内容，应该根据国家现行的有关政策，结合广告市场的实际需求进行不断更新，确保其可行性、适宜性和有效性。此前，传统的四大媒体分别为报纸、电视、广播、杂志；新兴媒体有户外媒体、网络媒体，如手机短信等。

科学技术的发展逐渐衍生出新的媒体，如 IPTV、电子杂志等。它们在传统媒体的基础上发展起来，但与传统媒体又有着质的区别。以出现的先后顺序来划分：报纸刊物应为第一媒体、广播应为第二媒体、电视应为第三媒体、互联网应为第四媒体、移动网络应为第五媒体。但是，就其重要性、适宜性、有效性而言，广播的今天就是电视的明天。电视正逐步沦为"第二媒体"，而互联网正在从"第四媒体"逐步上升为"第一媒体"。虽然电视的广告收入一直有较大幅度的增长，但"广告蛋糕"正日益被互联网、户外媒体等新媒体以及变革后的平面媒体瓜分，这已是不争的事实。同时，平面媒体已经涵盖报纸、杂志、画册、信封、挂历、立体广告牌、霓虹灯、LED 看板、灯箱、户外电视墙等广告宣传平台；电波媒体也已经涵盖广播、电视等广告宣传平台。基于此，就其目前的适宜性来讲，媒体应按其形式划分为平面媒体、电波媒体、网络媒体三大类。第一，平面媒体，主要包括印刷类、非印刷类、光电类等。第二，电波媒体，主要包括广播、电视广告（字幕、标版、影视）等。第三，网络媒体，主要包括网络索引、平面、动画、论坛等。也就是说，如果按其形式予以适当调整后明确划分"媒体"，那么，我国目前的媒体就只有三种。

2. 数字媒体的定义

数字媒体的研究主要面向广电行业的数字化改造和视频、音频技术，并研究这些技术在其他行业的进一步应用。数字媒体是以信息科学和数字技术为主导，以大众传播理论为依据，以现代艺术为指导，将信息传播技术应用到文化、艺术、商业、教育和管理领域的科学与艺术高度融合的综合交叉学科。数字媒体包括图像、文字，以及音频、视频等各种形式，即信息的采集、存储、加工和分发的数字化过程。数字媒体已经成为继语言、文字和电子技术之后的最新的信息载体。

（二）数字媒体的类别

数字媒体可按不同的分类方法分成很多种类。

按时间属性，数字媒体可分为静止媒体和连续媒体。静止媒体指内容不会随着时间而发生变化的数字媒体，如文本和图片。连续媒体指内容会随着时间而发生变化的数字媒体，如音频和视频。

按来源属性，数字媒体可分为自然媒体和合成媒体。自然媒体指客观世界存在的景物、声音等，经过专门的设备进行数字化和编码处理之后得到的数字媒体，如数码相机拍的照片。合成媒体指的是以计算机为工具，采用特定符号、语言或算法，由计算机生成（合成）的文本、音乐、语音、图像和动画等，如用 3D 制作软件制作出来的动画角色。

按组成元素，数字媒体可分为单一媒体和多媒体。单一媒体就是单一信息载体组成的载体，而多媒体则是多种信息载体的表现形式和传递方式。

二、数字媒体的表现特性

（一）数字媒体系统能够处理文、图、声、视等多种信息

数字媒体符合人类交换信息的媒体多样化特性。在电子时代，媒体本身对人类社会和历史发展起到了巨大作用，而这种作用同媒体所传播的具体信息关系甚微。在数字时代，媒体的本质还将发生根本性变化："媒体不再是信息，它是信息的化身。一条信息可能有多个化身，从相同的数据中自然生长。"

（二）数字媒体的受众变被动接受为主动参与

数字世界中计算机内的信息还是可以铺天盖地的，但不是一概推向每位受众。信息可以按比特存放在计算机硬盘或光盘内，由受众去拉出其需要的比特信息。这一功能的实现是由于比特流中的超媒体可以为受众提供检索、导向。超媒体是超文本的延伸。超文本指互连程度很高的文字叙述，或者具有内在联系的信息。超媒体指以这种互连程度很高的信息为多种媒体，因此其互动性更高。数字媒体完全不受三维空间的限制，要表达一个构想，可以通过一组多维指针采用超媒体方式来进一步引申或解释。受众可以选择激活某一构想的引申部分，也可以完全不予理睬。所有的数字媒体都包含互动的功能。在数字媒体传播世界里，智慧可以存在于信源和信宿两端。目前的技术还只能由受众自己与计算机互动，过滤、筛选出适合自己的信息。数字化的理想未来是开发出能为不同的受众自动过滤、分拣、排列和管理不同信息的计算机，它能够按照受众的要求去获取和编辑信息。

（三）数字媒体是技术与人文艺术的融合

信息技术与人文艺术、左脑与右脑之间都有着公认的明显差异，但是数字媒体传播却可以在这些领域之间架起桥梁。电脑的发展与普及已经使信息技术离开了纯粹技术的需要，数字媒体传播需要信息技术与人文艺术的融合。目前数字媒体技术或信息技术还在不断发展与完善之中，并且这个过程还需要一个相当长的时期。同时，数字媒体具有图、文、声、像并茂的立体表现的特点，因而能有效、更直接地传播丰富、复杂的信息。但也正因为多媒体表现的丰富性，常常带来信息的冗余及误解。如何使整体大于部分之和，如何利用多种媒体的各个表现方式并使之综合，有针对性地、最有效地传达信息，已成为一个值得研究的课题。因此，数字媒体是一个文理融合的全新领域，需要不断研究才能达到良好的传播效果。

三、数字媒体与艺术

20世纪90年代以来，我国的综合国力大幅度提升，科学技术水平有了长足的进步，新媒体艺术形式应运而生，并且因其强烈的艺术感染力而有很大的发展空间，作为一种新媒体形式扮演着越来越重要的角色。艺术形式的不断发展和创新离不开新科技的支持。随着摄影、电影、影视、录音等技术的出现，许多新兴的艺术形式也应运而生。尤其是20世纪70年代计算机与互联网出现后，艺术家开始利用多媒体技术表达自己的创意，如利用计算机绘画，成功的案例就是在上海世博会上中国馆电子版"清明上河图"的视频投影数码艺术作品。另外，现在一些国外艺术节上备受青睐的3D建筑投影艺术，就是将视频投影与建筑相结合，从而达到美轮美奂的效果。

（一）数字媒体技术研究发展

数字媒体技术作为一种新生的技术形式，目前它所涵盖的范围还不够明朗，它的内涵也存在争议，但是，这依然不妨碍它将成为最具代表性的艺术形式，因为整个人类社会都在逐步进入"数字化生产"时代。因此，我们需要分析数字媒体技术产生、发展的原因，探讨数字媒体技术发展受时代生产力、数字信息技术、新媒体的渗透这些因素影响的程度，研究、整理数字媒体技术的概念、构成、分类、特征以及它的具体呈现形式，分析其与传统艺术和传统美学之间的关系。数字媒体技术，就像一枚三棱镜，由于观察者的观察角度不同，折射出的光芒也会不同。在研究数字媒体技术的时候，特定的社会环境、科技发展水平以及专业角度这些是必要条件，以便进行纵向的探索性研究。为了更有效地对这一新型的艺术设计形式进行系统而严谨的整理、归纳，并揭示其艺术特色与发展规律，应该针对数字媒体技术与其他艺术形式的异同，进行横向的交叉与整合，利用市场与社会实践调研的方法，对一些典型个案进行分析并融合艺术设计的共同规律进行综合性研究。数字媒体技术是一种在数字科技和现代传媒技术的基础上，把人的理性思维和艺术感性思维融为一体的新艺术形式。它由艺术层、科技层、媒体层、应用层相互交叉构成，包括广泛的商业设计和大众艺术。数字媒体技术具有作品呈现的多态性、创作工具的数字化、表现题材的广泛性、作品展示的交互性特征，其具体呈现为影视艺术、合成艺术、网络艺术等与计算机技术的结合，并通过与网络媒体的结合迅速地传播，最后与智能软件结合进行艺术作品的创作。数字媒体技术发展的动力就是科技的进步和观念的创新，而数字媒体技术的发展主流将是创意产业和信息设计。数字媒体技术将带来艺术创新的新思维和新视野。

（二）数字媒体技术应用

数字媒体技术的发展越来越快。调研数据显示，全球有超过 1/3 的媒体正在使用数字策略，在硬件方面开发了移动端应用程序，在软件方面制定了数字新闻发布策略，如在第一时间通过数字渠道优先发布突发性新闻，并要求记者针对同一则新闻准备不同的版本，以便在不同平台上发布。另外，有超过 1/5 的记者会经常在脸谱、推特、微博等社会化媒体平台上寻找新闻线索。易思闻思公共关系咨询（北京）有限公司副总监表示："如果数字化趋势持续加速发展，那么我们至少会看到以下两方面的变革。首先，移动设备上的触屏界面让媒体和传播行业不得不思考以一种崭新的方式来呈现故事，如对图片、大数据和文字重新编排，让它们更具有交互性，给读者带来更丰富的阅读体验。其次，新闻生产将出现两极分化。一方面是在移动屏幕上的'短视频'发布和转发，确保实时消息的及时性；另一方面是通过传统的新闻发布渠道，如纸媒、电视和门户网站进行深入报道。"

数字媒体的优势是，通过彼此间技术和服务的互联，能够低价、高效、简易地满足使用者即时即地享受所需信息的要求。在新媒介具有这种植入消费者日常工作与生活的技术优势之下，广告行业只有以这种特性作为其经营理念，才能最大限度地顺应媒介的内在逻辑和规律而获得发展。广告公司的广告经营模式也在随之转化。广告公司在新媒介环境下的经营应满足消费者随时随地的信息需求。在这种广告理念下，广告公司的经营模式变得更加多元化。用户生成的广告（UGA）成为广告业未来发展的重要趋势。UGA的传播形式多样，渗透性强。在SNS网站兴起的当下，社群好友间的病毒式传播、媒体口碑传播的优势，是传统媒介无法企及的。用户的高卷入度和高参与度，使得品牌与受众之间的距离拉近，表现手法也更加丰富。以视频网站为例，虽然当下的盈利模式并不被业界看好，但是视频网站无疑被视为富有前景的广告空间。硅谷分析师认为在未来的5年内，视频网站的传播价值会被彻底开发，其盈利当量将完全超过当前任何一种数字化媒体。视频网站这种媒体具备媒介终端的逆向生产功能。作为内容生产者的受众所创造出来的内容空间具有聚集注意力的功效，成为潜在的广告空间，所以受到众多资本新贵的青睐。视频上传网络充分调动了融合终端的内容逆向生产能力。广告公司可以充分利用独到的内容资源，拓宽自身优秀广告作品获取渠道，坚持广告产品创作和发布的模式优化转型，获得竞争优势。

（三）数字媒体技术与文化传播

社会和科技的发展是任何一种新的技术形式产生的必要条件。计算机行业的快速发展对数字媒体技术的发展有决定性作用。数字媒体技术是在数字科技和现代传媒的基础上，把人的感性思维和理性思维融为一体，在一开始就表现出文化性和艺术性。随着经济、信息、技术的不断发展，艺术与技术相互融合形成一个庞大的数字内容产业，随着科学技术的不断进步，图像、影像、互动的媒体内容正在取代过去以文字为中心的媒体内容。在全球化时代，人类社会数字信息传媒的主要表现方式就是跨媒体的具有独特艺术形式和语言的数字媒体技术设计。在现今这个世界，信息化程度如此之高，地球上的每一个人都可以通过网络了解这个世界，而艺术和网络的结合就衍生出了数字媒体技术。

第二节　传统媒体与数字媒体的融合

媒介融合指不同媒介形式的融通整合，即在信息采集、制作、传播过程中进行全方位的合作，以发挥不同媒介的优势，最有效地传播信息，取得最大的收益。传媒已经由大众传播发展至现今的分众传媒。在分化的同时，各个媒介形式之间却是藕断丝连的。在国外，报纸、杂志、电视、广播以及电子媒介在技术层面、组织层面乃至资本层面的合作一直在进行。因而媒介发展至今，既有单一媒介形式的垄断寡头，也有媒介融合体的垄断寡头。就全球媒介行业看，居于主导地位的垄断寡头无一不是媒介融合体，如新闻集团、迪士尼集团等。21 世纪，以互联网为代表的计算机技术呈现高速发展态势，有些概念还未普及就已经被更新，而由此衍生的媒介形式日新月异。在互联网技术背景下，尽管媒介分化趋势仍旧继续，但媒介融合趋势已日渐凸显。与之前分化与融合的过程不同，不断发展的互联网技术引发的媒介融合对原有媒介而言不是补充，而是替代品，其结果是颠覆性的。技术的最新发展表明，媒介融合的技术障碍已经被攻破，不同媒介方式之间的界限越来越模糊，印刷、音频、视频、互动性数字媒体之间，有线与无线之间，信息采集、生产、传播、存储、显示之间，已经具备联盟的技术基础。应该说，数字技术打破了媒介的介质壁垒，使同一内容多介质实现成为可能。

一、媒体"碎裂化"与媒体竞争相互促进

随着科技的发展，媒体的种类和数量越来越多，造成了媒体的"碎裂化"现象。媒体的碎裂化程度越高，人们的选择就越多，每一家媒体所能吸引到的受众注意力的份额就越少。这对每一个种类和每一家媒体来说，都是严峻的挑战。对众多的报刊、电台、电视台来说，差不多都要与新媒体过过招。网站新闻量大、时效性强等优势都让传统媒体望尘莫及；在线广告受到一些厂商的追捧，更是让报刊少分得一杯羹；MSN、QQ等实时交流工具以及搜索引擎等，也成为传统媒体工作人员不可或缺的工具。尤其是博客的出现，更是极大地降低了建站的技术门槛和资金门槛，使得每一位互联网用户都能方便、快速地建立属于自己的网上空间。以博客为趋势的"个人媒体"使得每个人都可以写作、编辑、设计和出版自己的新闻产品。

我们不可避免地被信息包围着，但在获取信息的过程中，我们对信息源也有着能动的选择权。而媒体竞争的最终目的就是最大限度地吸引受众的眼球。因此，除了提高自身媒体的报道质量，以内容取胜外，全面出击，采用更多的信息发布平台也不失为提高竞争力的好办法。传统媒体本来就具有传播的优势，有的更是已经形成一定的知名度和权威性，与其受新兴媒体的冲击，还不如加入新兴媒体的行列，全面出击，占尽各方优势。

可以说，媒体的"碎裂化"是新旧媒体融合的直接原因。信息传播渠道的多样化使得单一媒体的生存越来越难。媒体在继续保持生产和制作高质量新闻的同时，要通过尽可能多的媒体渠道，让新闻产品到达受众那里，以保持在受众当中的"注意力份额"。只有维持一定比例的注意力份额，才能吸引广告商，保住广告市场的份额。因此，利用已有的科技手段，将

不同类型的媒体捆绑在一起，模糊媒体之间的界限，实现媒体融合，从而让信息无障碍地流通并传达至受众，已经成为许多媒体集团的共识。

二、媒体融合现象概述

媒体融合是在新媒体出现后，印刷媒体、广电媒体、互动媒体等不同类型的媒体通过电子数码搭建一个信息平台，大家共享内容资源，同时让媒体公司发布的新闻和信息产品能通过多个渠道传递给受众。

从某种意义上来说，媒体的新旧是相对的，媒体的融合是绝对的。科技不断发展，传媒技术不断革新，信息的传播方式不断改进。只有媒体融合，不断接受运用新的技术，媒体才能立于不败之地，保持竞争力。

当然，媒体融合是一个循序渐进的过程，不是一朝一夕就可以完成的，也不是没有风险的。媒体融合能否成功，很大程度上取决于决策者的前瞻能力和统筹能力。

第三节　数字媒体的发展趋势

数字媒体是信息学科和媒体学科向文化艺术领域拓展的新方向。随着计算机技术、网络技术和数字通信技术的高速发展，传统的广播、电影快速地向数字音频、数字视频、数字电影方向发展，与日益普及的电脑动画、虚拟现实等构成了新一代的数字传播媒体。

一、数字媒体专业的发展前景与教学理念

（一）数字媒体专业的发展前景

数字媒体致力于培养全球化时代面向未来、能适应传媒业所需和参与国际合作与竞争的高素质的国际化复合型数字媒体、网络媒体设计与制作的创意人才与技术人才。要求毕业生能熟练掌握数字媒体应用技术和数字媒体艺术设计理论，从事新媒体艺术创作、网络多媒体制作、广告制作等，并能对全球媒体设计、动画制作、游戏制作流行趋势进行洞察和分析，有能力在全球各地的传媒和影视广告、动漫、网络行业开展研究、设计、策划、工程开发和管理工作。

1. 就业领域

在大专院校、研究所等部门从事教学与科研工作；继续攻读与媒体设计、网络设计或制作专业相关的学科或交叉学科的研究生；任职于教学和科研单位，包括电视台、数字电影制作公司、互动娱乐公司、广告公司、电视频道及栏目包装部门、电视剧制作部门、动画公司及其他各影视制作机构等单位。

2. 计算机动画与游戏设计方向

驾驭声光色影。掌握电影、电视短片、三维动画、特效片头、动态影像设计方面的知识。通过学习，学会对动画和声音的控制，并将它们组成悦目的画面；掌握如何导演和演绎故事；对数字媒体技术在影视、动漫制作中的实际运用有较好的理解；具有较强的计算机软件系统分析与设计能力；对本学科的新发展及应用前景有一定的了解。

3. 网络媒体设计方向

创造虚拟世界。互联网已经成为人们生活中必不可少的一部分。以网

络为载体的媒体传播，包括新闻发布、信息交流、电子商务、企业平台、网上学堂、网络娱乐、影视播放、博客论坛以及难以计数的各行各业的专门网站等，已经渗透到人们生活领域的各个方面。掌握网络设计以及多媒体等各种互动技术，会让人们感受到网络所带来的可能性。

（二）数字媒体专业的教学理念

教学是否与时俱进，关键是看教师能否摒弃传统的教学理念，融合现代技术和教学理念。随着信息技术的飞速发展，数字技术已经大量地应用在媒体中，颠覆了传统的传媒技术。数字技术应用在媒体中，使信息传递方式改变，形成一种发布—传输—接收的信息传递模式。教师应该在教学中努力培养学生的三维空间想象能力，提高学生的结构表达能力和创新能力。

1. 重视数字设计，改变传统素描

教学理念决定教学效果，尤其是高校学生面临着就业的考验，因此，教师一定要从专业课抓起，重视设计素描，用其代替基础素描，让学生进行动态景物以及人物素描的训练。传统教学中基础素描的表现形式和设计素描的表现形式有很大的差异，因此，教师要注意传统和现代的衔接问题。基础素描的明暗及平面表现形式应向设计素描的形体结构方向发展。设计素描的教学应该注重画面效果，注重形体结构的显现和表达。强调三维空间意识，是设计素描的教学重点。教师应该在教学中努力培养学生的三维空间想象能力，提高学生的结构表达能力和创新能力。设计素描的教学是要培养学生构思有创意的作品，设计出实实在在的人物造型；注重学生的能力培养，转换学生的平面意识，使其向着立体的形式转换和过渡。另外，设计素描注重形象的细节以及对象的结构，向观众展现结构的关系，说明形体的结构是怎样的。设计素描教学要培养学生局部或各部件的组合能力，

让学生知道如何使其成为一个整体。设计素描注重设计对象的本质特征，引导学生从具体的现实形体中抽离出来。教师应树立创新的教学思想和教学意识，通过大量的实践，培养学生驾驭数字媒体艺术的能力，创造出具有创意的作品，为后期的就业提供坚实的基础；培养学生形成二维、三维造型的意识和能力，帮助学生形成动态的、立体的结构意识，使其能够迅速掌握动态特征，为今后的动画原画、Flash 动画的学习做好铺垫。

2. 树立交互性和网络传播意识

数字技术的发展彻底改变了人们的生活方式，也改变了人们的思维方式和交流方式。数字媒体专业教学要树立交互和网络传播的意识，并把这一理念作为设计的终极思想，培养学生的现代意识和创新思维模式。交互是数字设计的核心理念，也是影响技术人员设计思维的重要因素。数字技术强调的是互动交流，是由以往传统的单向向双向、单边向多边、一维向多维转变的思维方式，其以形成贯穿设计始终的互动意识为目的。树立学生的网络传播意识，也是改革数字媒体专业教学的一个重要理念。万维网是互联网中应用最广泛的网络之一，超链接使其具有无限的交互性。教师在教学中要培养学生具有网络的交互意识。艺术的最大特点是创新，和人文越是沉淀越好不一样。特别是数字媒体技术，与时俱进、不断创新应该是其始终秉承的理念。艺术设计的同步交互，表现为用户在接受设计者作品的同时可以及时反馈自己的观看感受,这正是网络技术时代的鲜明特征。同步的多种交互方式是网络技术的核心功能，也是教师教学中要树立的学习和创作意识。随着信息技术的飞速发展，数字媒体技术已经大量地应用在媒体中，颠覆了传统的传媒技术。数字媒体技术应用在媒体中，使信息传递方式发生了改变。新的信息传递方式多向地传递着创作者的信息，与以往传统媒体的单向传递具有极大的区别。数字媒体技术的诞生，使创作者和观众可以及时进行交流,创作者的成果和观众的反馈在第一时间对接。

网络媒介更是将人与人之间的距离缩短为零，更重要的是人们可以随心所欲地选择自己喜欢的内容并反复观看。超链接的应用，使各种网站和网页可瞬间到达读者的眼前，而真正意义上的交互是由数字媒体技术实现的。

二、数字媒体产业的发展现状与前景

（一）数字媒体产业的发展现状

1. 国外现状

数字媒体技术在全球的蓬勃发展带动了数字媒体产业的迅猛发展，很多国家都斥巨资进行数字媒体技术的研发。《全球数字媒体和娱乐市场预测 2004—2012》显示，全球数字媒体收入在 2008 年第一次超过电影娱乐收入（包括电视、电影娱乐、录制的音乐、游戏软件和广告）。在美国，数字媒体产业一直是媒体产业的核心力量，占 GDP 的 4%，总值超过 4000 亿美元。人们熟知的传媒巨头时代华纳、迪士尼等媒体娱乐公司牢牢占据着西方数字媒体产业 95% 的市场。美国数字媒体产业发展不仅规模巨大，而且产业细化、全球扩张。弗吉尼亚州的数字媒体产业以艺术展览为核心辐射发展；洛杉矶依托电影重镇好莱坞，以电影文化艺术为中心，大力发展数字媒体产业；有着浓厚亚洲文化气息的旧金山，其数字媒体产业朝着多元化、多维度的方向发展。在英国，数字媒体产业每年产值超过 600 亿英镑，出口值超过 80 亿英镑，产值占 GDP 的 7.9%，涵盖从广播电视、电脑软件、设计、电影、出版、音乐、广告到软件游戏和表演艺术等诸多领域，数字媒体产业雇员超过 195 万人，是英国当之无愧的第一大产业。

以电子游戏、动漫卡通产业著称的日本，其数字媒体产业已发展成为仅次于汽车产业的第二大产业。日本目前数字媒体产业雇用了近 10 万名工作者，其配套的数字媒体技术教育与培训产业发展良好，每年有 30 多万人接受数字媒体技术教育与培训。

韩国数字媒体产业以游戏为主导，创下了令人瞩目的业绩，目前已经超过汽车产业，成为韩国第一大产业。

2. 国内现状

（1）规模增长迅速。我国数字媒体产业起步比国外晚了10年，但是，借助发达国家的先进经验，经过近几年的不懈努力，从无到有，已进入一个快速发展的阶段，并且后劲十足；现在已形成影像、动画、网络、互动多媒体、数字设计等主体形式，并已形成以数字化媒介为载体的产业链。

（2）国家政策大力支持。在我国，国家相关部门高度重视和支持数字媒体技术及产业的发展，从创建产业基地到扶持关键技术研发，都投入了大量的人力、物力和财力。上海、北京、长沙、成都等城市相继成立的数字媒体产业发展基地，给了数字媒体技术以优质的发展空间。"十二五"期间，国家继续将高端软件和新兴信息服务产业作为重点发展方向和主要任务，并将继续推进网络信息服务体系变革转型和信息服务的普及，利用信息技术发展数字媒体产业，提升文化创意产业，促进信息化与工业化的深度融合；充分统筹国内、国际两个市场，继续扩大软件信息服务出口，积极承接国际外包服务，依托新一代信息产业技术，提升我国在国际产业链中的层次和水平。《国家中长期科学和技术发展规划纲要（2006—2020年）》中把"数字媒体的内容平台"列为重点领域。科学技术部通过"863计划"，在动漫和网络游戏两个领域率先进行了布局。国家分管游戏和动漫产业的主要政府部门纷纷出台了相关政策，扶持本土游戏和动漫企业健康发展，同时严格监管和控制国外文化产品进口。科学技术部将网络游戏纳入"863计划"，拨巨资支持游戏产业相关科研项目的研发。首个国家动漫游戏产业振兴基地就是由中国社会科学院文化研究中心、华东师范大学、上海宽视网络电视有限公司三方联合筹建的，可谓开游戏产业"产学研一体化"体制之先河。此外，国家还斥资千万元支持长宽、盛大、金山等 10 家游戏开发企业进行产业研发。国家广播电视总局向全国印发的《关于发展我国影视动画产业的若干意见》，更是大力支持国产动漫产业的发展。国家广播电视总局现已批准了北京、上海、湖南三个卫星动画频道的建立，同时鼓励省级电视台和副省级城市电视台开办的少儿频道增加动画片播出数量，尤其是国产动画片的播出量，扩大了国产动漫产品的市场需求，进一步刺激了我国动漫产业的发展。此外，国家广播电视总局制定了一系列的规章制度，以规范网络游戏出版版权等有争议的问题，有力地审查和监管互联网经营单位和进口互联网文化产品内容。

（二）数字媒体产业前景展望

我国已经正式进入 5G 商用时代。以高速安卓系统为操作系统的手持移动终端日益普及，Wi-Fi 热点覆盖越来越广，使用 Wi-Fi 和 5G 移动网络技术的人越来越多。网络带宽和速度已不是网络发展的瓶颈。人们需要更多更优质的合乎受众需求的媒体和服务，从而真正享受到数字生活带来的便捷与高效。这就需要数字媒体产业进一步高速、高效发展，并与 5G 技术有机融合，为人们开创更美好、更灿烂的 5G 生活。2010 年 6 月 9 日，中国数字媒体产学研联盟在北京正式成立，其成员包括欧特克、康智达、汉王、联想和英伟达。这些具有国际实力的公司的加盟一直在助力我国数字媒体产业的发展。自该联盟成立之日起，英伟达就与其他合作伙伴携手，致力于创造新的培育机制，以培养大批创意型人才。这些人才必将成为我国未来数字媒体产业飞速发展的生力军，是我国数字媒体产业获得更大发展的首要前提，全力推动我国创意产业健康、高速发展。信息技术的发展日新月异，每一项发展都会对传媒业产生重大影响。国家现在正在大力推进电信网、广播电视网、互联网"三网"融合技术，而"三网"融合的政策性支持将进一步刺激数字媒体产业的发展。在线视频网站、新电子商务（电商频道）平台、社交媒体等新媒体形式不断与相关数字营销平台建立合作关系。在"三网"融合的背景之下，一个整合的数字媒体平台将逐步形成。这个平台能将媒体可开发的价值最大化，也将形成一个具有无穷大开发价值的空间。

三、数字媒体的社会地位

伴随着知识经济时代的到来，文化创意产业已经逐渐演变成现代经济时代中的重要产业，在市场经济中占据着十分重要的地位。而文化创意产业在数字媒体的影响下，得到了更加快速的发展。其不仅创造出了巨大的经济效益，还在一定程度上推动了经济的发展。所以，文化创意产业被称为 21 世纪最有前瞻性、最有潜力的产业之一，进而被看作是促进经济增长的新途径。而数字媒体则是推动文化创意产业发展的关键因素。

（一）数字媒体在文化创意产业发展中的地位

1. 数字媒体是文化创意产业的重要载体

伴随着现代化传播媒介的多元化发展，互联网和多媒体技术的更新和发展，给文化创意产业的传统传播方式带来了强大冲击。但是，信息技术能够为文化创意产业的传播提供巨大的技术力量，无论是图片还是文字，都可以在互联网的支持下显示并传播。与此同时，互联网和多媒体技术能够将语音、文字、图像等文化信息融合在一起，并进一步为人们及时了解各种社会信息提供重要的途径。

2. 数字媒体是文化创意产业的主要技术手段

数字媒体技术的不断更新发展，给文化创意产业的发展带来了创新性的动力。数字媒体技术不仅能够将图像、文字和声音全面融合起来，还能够加强不同形式的传播媒介之间的联系。数字媒体技术为文化创意产业的发展注入了强大的动力，尤其体现在影视产业、动漫产业等这些与图像采集处理紧密相连的产业中。在文化创意产业的发展过程中，各个行业对数字媒体技术的要求也随之提高。数字媒体技术的不断创新为文化创意产业提供了重要的技术力量。

3. 数字媒体是提高文化创意产业竞争力的重要方式

竞争力的形成和提升主要通过两个有效途径，即成本低和差异性。而对文化创意产业来说，产品的差异性是一个非常重要的特点。数字媒体技术的普遍化和不断更新能够为产品的差异性提供更加良好的发展平台，尤其是和影像等多媒体文件有关的文化创意产业，都需要数字媒体技术支持独特性的制作和传播，这样才能更加有效地为差异性群体提供优质服务。在成本方面，数字媒体的特性即双向传播和数字化为文化创意产业带来了更加独特的传播方式，进而有利于降低成本。在此基础上，数字媒体技术和性能的提升能够为文化创意产业降低成本提供很大的帮助。

（二）数字媒体在文化创意产业发展中的作用

1. 数字媒体为文化创意产业的发展提供了新动力

数字媒体为文化创意产业的发展提供了全新的动力，主要体现在影视制作方面。数字媒体技术不仅提高了影视的画面质量，还改变了影视制作的方式方法，带动了影视制作的深入发展。数字媒体技术创新了影视图像、音频的制作方法，影视开始重视后期的制作，大量的商业电影开始依靠特效来吸引观众的注意力，赢得观众的欢迎。数字媒体技术的出现，实现了影视作品的数字化发展。制作人员可以通过数字媒体技术按照自己的想法进行制作和处理，进而提高影视制作效率，促进影视产业的发展。数字电视已经普及，从初始的信号到最终的终端接收，全程使用数字技术。这不仅促进了影视制作的创新发展，还进一步推动了影视产业的革新，进而实现了文化创意产业的发展。

2.数字媒体为文化创意产业的发展指明了新方向

数字媒体为文化创意产业的发展指明了新方向，主要体现在广告产业方面。传统的广告媒体有报纸、电视等，而数字媒体的到来，彻底颠覆了传统的广告模式，为广告产业的发展提供了更加宽广的平台。广告产业是实现企业经济发展、促进产品销售的主要宣传渠道，所以其所处的位置非常关键。数字媒体技术的更新发展，既给广告产业带来了新的机遇，也带来了挑战。在这一双重作用下，广告产业不断变化与发展，广告的制作和设计逐渐多元化和创新化。数字媒体技术为广告产业的发展提供了坚实的技术基础，从而推动了文化创意产业的更新发展。

3.数字媒体技术为文化创意产业带来了巨大变革

数字媒体技术在动画和游戏等文化创意产业中的影响更是不容小觑。数字媒体技术的运用使得动画变得更加生动直观、形象逼真，将设计师的真实想法体现得淋漓尽致，给观众带来了良好的视听觉体验，在一定程度上改善了动画制作的方式方法。通过互联网进行动画传播，节省了大量的经济成本，使得相关企业能够获得更大的经济效益，也使得我国动画产业在国际动画产业中占据更加有利的位置。互联网的发展，使网络游戏占据了整个游戏市场，并且对人们的生活产生了一定的影响，为人们提供了更多的娱乐设施。由此可见，数字媒体技术的影响力是不容忽视的。所以，充分、合理地利用数字媒体，对游戏进行创新，将有利于推动我国文化创意产业的快速发展。

4.数字媒体技术为文化创意产业注入新灵感

数字媒体技术在我国的许多重要场合都有所运用，尤其是在奥运会和世博会上，数字媒体都表现出了其独特的艺术性，为参观者带来了精妙绝伦的视觉体验。数字媒体技术的发展，为传统展示设计提供了更加优质和广阔的发展平台，同时数字媒体技术的发展还进一步推动了展示设计的多元化。尤其是在设计内容和表现风格上，展示设计变得更加丰富多彩，最终效果也更加完善，给观众留下了深刻的印象。数字媒体技术不仅促进了展示设计的发展，还推动了我国文化创意产业的发展，为文化创意产业带来了更大的经济效益，同时数字媒体技术与文化创意产业的创新结合已经成为一种新的经济趋势和发展方向。

5. 数字媒体为文化创意产业的发展提供了实践基础

目前，数字媒体最大的贡献是实现了文化创意产业的发展，使其不再停留在纸上谈兵阶段。数字媒体衍生出的数字出版，不但给人们带来了新的阅读感受和体验，还为读者节省了时间、提供了便利，让读者可以通过最方便的方式和最普遍的媒介实现阅读。最普遍的媒介有手机、电脑、数字化图书馆等，这类电子媒介备受读者欢迎。对传统的出版产业来说，互联网和数字媒体技术的不断更新对其形成了巨大的冲击，传统的印刷时代走向终结，而渐渐流行的数字印刷时代已经到来。文化创新产业和出版产业必须接受数字媒体，并在数字媒体的影响下进行创新发展，这样才能在发展中占据有利的位置，进而推动出版产业的进步，促进文化创意产业全新发展。

文化创意产业的发展对市场经济有着重要且深远的影响。数字媒体能为文化创意产业提供巨大的便利和坚实的基础，因此必须高度重视数字媒体对文化创意产业发展的作用。传统的文化创意产业已经逐渐被文化创意产业所取代。文化创意产业必须重视数字媒体技术的重要作用并进行正确利用，使数字媒体技术为文化创意产业的发展提供更多的帮助，只有这样，才能进一步推动文化创意产业的发展。

第二章　数字媒体艺术的基本理论

数字媒体艺术是 20 世纪末出现的一种数字媒体技术与艺术设计相结合的新兴艺术领域，该领域以其独特的艺术表现形式推动了媒体艺术产业的进步。数字媒体艺术不仅是一个多元化的产业领域，同时也是一种传统的艺术样式。随着时代的发展，数字媒体艺术也因其独特的技术语言和无线传播载体而成了现代生活中不可缺少的一部分。

第一节　数字媒体艺术的元素

一、数字媒体艺术的常见表现元素

（一）动感元素

数字动感的使用涉及科学技术和文化传播等方面，其不仅能够还原出动态的媒体艺术，还能够创造出动态的媒体艺术。目前的数字动感主要应用于电脑动画中，如使用虚拟摄像机将计算机数据的变化和光、声、影的传播技术结合，创作出无限的动态媒体艺术。虚拟摄像机能够摆脱现实事物的限制，用人类所不能达到的目视角度进行全角度拍摄，使媒体影像达到前所未有的灵活程度。这种数字媒体艺术的表现元素不仅赋予了媒体画面更为广阔的表现空间，也使其能够紧跟时代步伐且变得更加鲜活。

（二）音效元素

在数字媒体艺术的表现元素中，除了视觉方面的表现元素外，数字音效的使用也是必不可少的。声音作为数字媒体艺术的传播形式，和画面具有同样的感染效果。数字媒体艺术传播中充分利用声音的传播功能，使可视影片的时空变得更加具体、生动，也使其展现变得更加形象化。除此之外，声音还可以用来展现和表达人们内心的思想感情，使影片中人物的感情更加细腻、丰富，形象更加饱满立体。因此，在科技飞速发展的今天，数字媒体艺术中的音效元素也变得越来越重要，数字音效取代传统声音传播的时代已经到来。

（三）特效元素

在传统的电影拍摄中，所有的高难度动作或者难以实现的背景都是由特技演员和道具制作而成的。这种传统的特效制作和拍摄方法，不仅耗费时间和人力，而且难以达到理想的效果。而数字特效能够将各种数字媒体艺术的表现元素结合在一起运用，并利用计算机技术对影片的图形、图像进行后期处理，在计算机中利用维度动画的特效软件制作出人物、动物以及拍摄背景的特效。因此，数字特效的出现不仅开拓了影片特效制作的新领域，还给人们带来了更为精彩的视觉享受。

（四）色彩元素

色彩不单单是一种使视觉产生感应的事物，同时也是艺术美感的一种表现形式。随着网络技术的普及和广告形式的多样化，色彩在人们的生活中无处不在。因此，如今的数字媒体艺术处理也越来越重视色彩的使用，如对于广告的拍摄和电脑游戏的画面制作，我们通常会利用计算机软件创造出整体形象，再采用色彩学原理对其进行色彩分析和加工，以满足人们的审美需要。这种科学与技术相结合的表现元素的使用，无疑能够使数字媒体艺术具有更高层次的艺术美感。

数字媒体艺术因其无限复制性而在艺术传播中占有极大的优势，其出现也为艺术传播提供了更多的便利。作为一个年轻化和多样化的新型艺术形式，数字媒体艺术除了要充分发挥其表现元素的最大作用，还应当全面汲取传统媒体艺术的精华，打破常规的束缚，使自身的表现元素得到更多运用，从而全面提升艺术表现能力，满足人们的生活需求，丰富人类的精神生活。

二、水墨元素在数字媒体艺术中的应用

（一）水墨画的概念

水墨画指纯用水墨所作之画，相传始于唐代，成于五代，盛于宋元，明清及近代以来继续发展；以笔法为主导，遵循"墨即是色"的原则，通过墨的浓淡形成颜色的层次变化，进而造出空间的纵深广延。沈括的《图画歌》有云："江南董源僧巨然，淡墨轻岚为一体。"水墨画又遵循"墨分五彩"的规律，用多层次的水墨色度代替缤纷色彩，即所谓"墨中有色，色中有墨"。有此象征性浓厚的艺术理念，原因正如当代水墨山水大家卢禹舜所指出的："中国画艺术在本质上是中国文化意识的符号象征。"

（二）数字媒体的概念

数字媒体指以二进制数的形式记录、处理、传播、获取信息的载体，包括数字化的文字、图形、图像、声音、视频影像和动画等。下面笔者将以动画、数码水墨画为例，分析水墨元素在数字媒体中的表现形式。

1. 传统动画的理论与资料

动画指遵循视觉残留原理，把人、物的表情、动作、变化等分段画成许多幅画，再用摄影机连续拍摄成一系列画面，造成视觉上连续变化的影像技术。我国的动画以万氏兄弟为代表，起步很早，在 20 世纪中叶就已经制作出蜚声国际的《大闹天宫》等经典作品。水墨画是人类文化的瑰宝，是我国艺术家创造的动画艺术新品种，其基础是积淀千年的中国水墨画艺术。水墨动画片以我国水墨画技法作为人物造型和环境空间造型的表现手段，突破动画片历来以单线平涂描绘形体结构的旧框架，创造出水墨形体的鲜明质感，使深浅、明暗的墨在动起来以后达到均衡统一而又写意传神的艺术效果。早在《小蝌蚪找妈妈》之前，我国动画行业就已经拍摄了一部可以播放 10 分钟的水墨动画片段，包括《鱼虾》《青蛙》《小鸡》三个小片段，试验成功后才拍摄了有剧情的中国第一部水墨动画——《小蝌蚪找妈妈》，而之后的《牧笛》《山水情》对水墨动画做了完善和升华。《小蝌蚪找妈妈》《牧笛》和《山水情》是这一领域无法绕开的重要作品。水墨动画享有"艺术领域的一次科技发明"之称，也正是由于这个发明，数字艺术才开始引入水墨元素。

2. 现代数码水墨画

数码水墨画的创作有别于依靠笔、墨、纸、砚的传统水墨画，主要依托于电脑和数位板这样的数字新媒介，其基本的创作过程是在软件的不同图层上起稿、过稿、罩染和分染，然后利用数码技术，反复观察并修改不同图层中的瑕疵，以得到满意的作品。数码水墨画是数字技术与水墨画结合的产物，其重点在绘画。数字技术提供的是工具的改良和部分创作模式的更新，而水墨之韵依然是数码水墨画追求的核心元素。因此，笔者认为，数码水墨画属于水墨画艺术形式的一种，其艺术潜力和商业前景都值得重视。

（三）水墨元素在现代艺术设计中的展现

当代艺术设计基本分为建筑、室内与环境艺术设计，平面设计，工业设计，广告设计，织品与服饰设计五大类。除建筑设计方向较少涉及水墨元素，其他设计方向对水墨元素的应用均已蔚然成风，其中集大成者以2008 年北京奥运会的开幕演出为代表。

三、民间艺术元素在数字媒体艺术中的应用

随着时代的不断变迁和发展，我国传统的民间艺术经过漫长的时间沉淀，很多民间艺术直接被保留了下来，从而被国家列为重点非物质文化遗产。政府针对民间艺术开展了大量的保护措施并投入了大量资金加以支持，希望民间艺人能够将技艺继续传承下去，从而保证民间技艺不会失传，让更多人知道和了解民间艺术。如今科学技术发展异常迅速，各种新兴文化也开始不断地冲击民间艺术的发展，很多古老的民间艺术直接被挤出大众的娱乐舞台。要想解决这个问题，就必须将民间艺术和科学技术有效结合在一起，促进民间艺术元素的数字化应用。

（一）民间艺术元素概述

在种类繁多的民间艺术元素当中，我们能够发现它们都蕴含着一定的文化情怀，真正实现了以物言志、以景抒情的目的，而且不论是哪种类型的民间艺术元素，都包含有劳动人民对美好生活的深刻期望。因此，在这些众多的民间工艺品当中，我们可以看到民间历史所拥有的地域文化风情，也可以看到具有浓厚底蕴的传统美学和民俗文化，直接映射出中华五千年文明的精神光彩，同时在历史上留下了丰富的民间艺术产品。我国的民间艺术要想更好地利用数字技术来进行艺术性的创作，就必须对民间的艺术元素发展进行充分的了解，深刻掌握民间艺术元素当中的文化底蕴以及其

所象征的寓意等。所以，我们需要利用数字技术来实现艺术作品的创作，并以此发掘出民间艺术当中的全新艺术形式，从而真正地展现它的美学意义。

（二）数字技术和民间艺术元素的关系

1. 数字技术和皮影戏剧的关系

古代的皮影实物很难被保存，但是通过数字化的艺术创作手段能够有效地将目前现有的文献信息内容完美地保存在珍贵的图像当中，并进行数字化的修复工作。皮影成功地继承和发扬了我国传统的线描艺术。匠人使用刀具，分别在纸张及皮革上面刻画出各种不同的形态，结合皮影线条的自由柔和度，通过长短、粗细以及曲直等来生动地表现所要塑造对象的具体形态。

2. 数字技术和剪纸艺术的关系

剪纸主要以纸张为材料，通过剪和刻的方式来实现，以印染和套色的方式作为辅助，通过镂空来促使其产生一种虚实呼应的效果，从而有效展现各种生动的形象，使得剪纸的内容情节更加具有趣味性。剪纸的形式有很多，有染色、套色以及单色等。有些动画 MV 经常被人们议论，他们认为这只是将剪纸放在 Flash 当中重新绘制一遍。如果只是进行简单的临摹，那就说明这个过程只是使用了一种数字手段。其实不然，动画 MV 制作过程中必须考虑剪纸的创作背景、设计思想以及制作的流程等，需要对民间艺术元素进行研究，并结合 Flash 来有效地提高剪纸艺术所具有的艺术价值，从而实现创作空间的拓展，真正继承和传播剪纸艺术的精髓。

（三）皮影戏剧与 Flash 动画对比

1. 皮影人物和 Flash 人物的对比

真正的皮影道具的制作有着非常严谨的制作工艺流程，而且在制作过程中，只有真正具有皮影制作经验的制作艺人才能够完成这个任务。而使用数字技术就可以完成这个过程，只需要注重皮影绘制的效果，无须镂刻和施色等操作，只需要通过 PS 等工具来绘制相应的皮影人物的身体部件，并将此类部件直接导入 Flash 当中转换成各种元件，然后通过在 Flash 当中进行补间或者是调节骨骼的操作来实现人物的动作目的。

2. 皮影表演方式和 Flash 动画的对比

皮影戏通常需要三根竹棍来对人偶进行操纵，其中一根是系在胸前或者背上的主棍，而这根竹棍能够有效地保证皮影人偶的重心稳定，保障其整体的运动性；另外两根则系于双手之上，促使其形成一种生动和流畅的表演性动作。当需要加入一些其他的道具时，通常会将木棍增多，具有非常强的艺术工艺性。而 Flash 动画当中的补间操作就很好地解决了这一问题，能够通过关键帧的设置来调出主要的动作，再通过补间形成连贯的动画动作，非常方便。

3. 图像绘制创作

Flash 当中的图形都是由工具选项中所包含的所有绘图工具绘制而成的，而且所有图形的形式都非常自由，能够随意地对图形进行局部的修改和选取，但是唯一的缺点就是将各自不同的图形放在同一层时，上面的图形通常会覆盖住下面的图形。而绘制对象就不一样了，我们可以对其进行直接的修改，同时也可以双击进入内部来进行编辑和操作，其最大特点就是绘制对象本身是相对独立的。因此，我们可以将两个绘制对象相互覆盖，也可对两者之间的位置大小以及角度等进行编辑修改，还可以通过笔触使用填充的属性加以修改。

综上所述，数字技术的研究和开发工作有效地保护了民间艺术的研发，同时使其直接延伸出更广泛的行业，并形成一种产业化的发展趋势。

第二节　数字媒体艺术的技术基础

一、数字图形与图像技术

随着时代的发展，工业水平也在不断地提高，从最初最原始的人类手工劳动到蒸汽时代，已经完成了部分器械取代手工的操作。随着机械设计理论的不断发展，越来越多的手工制作被机械制作所取代，但还是不能达到完全自动化。随着电脑的出现以及人工智能的研发，无人工厂已经不再是什么新鲜的话题了，而这些与图像学、图形学和计算机的发展是分不开的。图形、图像发展到高端必然会出现更先进的理论与技术——虚拟现实技术。如今这些技术已经得到了很好的利用，如无人流水线生产、空气质量自动检测器。

（一）图形学

人们对物体的轮廓最为敏感。如何对轮廓进行描述，以便更为准确地展现物体，是图形学研究的主要内容。图形学包括三维物体形状模型的数学表示、几何运算中的算法设计和图形的计算机表示等。图形处理包括对图形的表示、输入、输出、存储、检索与变换（平移、旋转、缩放、反射、错切）等。图形运算主要是在图形上进行的并、交和差等，进而求取可见的面和遮挡部分，可以用光照模型来实现面的绘制。在计算机图形学中，真实感的实现方法有物体的精确图形表示、场景中对光照效果的适当的物理描述。因为利用光照模型进行面的绘制时，计算的是可见面投影像素的光强度，所以，首先要进行可见面判定，一般有以下五种方法：第一，后向面判别法，即通过观察向量与多面体面的法向量之间的夹角的大小来判定；第二，深度缓冲器法，即比较各面片深度值，并取最近面片的属性值作为该像素的属性值；第三，扫描线算法，如空间消隐算法等；第四，BSP 树算法；第五，八叉树算法。这些算法大致可分为物空间算法和像空间算法。物空间算法将场景中的物体和物体各组成部件进行相互比较以判别出可见面，像空间算法是在投影平面上逐点判断各像素所对应的可见面。物空间算法比较高效，所以在线框方式的图形显示中，大多采用物空间算法。

（二）图像学

图像学是一门交叉学科，在研究方法上与数学、物理学、生物学、生理学、心理学、电子学、计算机科学等许多学科可以相互借鉴；在研究范围上与模式识别、计算机视觉、计算机图形学等相互交叉；在研究进展上与人工智能、神经网络、遗传算法、模糊逻辑等密切联系；在发展应用上与生物医学、遥感通信、交通管理、军事侦察、工业自动化等领域密不可分。图像学包括三个层次：第一，图像处理，即保持视觉效果，减少数据量；第二，图像分析（模式识别），即对感兴趣的目标进行检测、提取、测量；第三，图像理解，即研究目标性质间的关系，为用户提供客观世界的信息，指导规划和行为。

在图像获取的过程中，由于光学系统或运动等可造成图像的模糊或质量的下降，因而对获取的图像要进行适当的处理，以提高图像的质量。图像处理主要包括图像恢复（将退化的图像处理成没有退化的理想图像）、图像增强（加强感兴趣的部分）以及图像压缩（目的是降低存储量、缩短传输时间）等。

（三）图形与图像综合研究

1. 图形与图像的矩阵表示与变换

为了用计算机进行操作，无论是计算机绘制图形还是图像处理，都需要将数据信息进行离散化、数字化和结构化。从这个角度来看，图形与图像统一的基础便是矩阵等数学形式的描述。目前，图像存储与再现时的原始数据仍然是矩阵形式的。

2. 图形与图像的函数表示与变换

直线段的线框图是一些一次函数的集合，曲线及曲面图是样条函数及其组合，分形图可以看作是一个函数或一组函数的一个迭代序列。图像也是一个函数，静态图像是一个关于坐标点的二元函数，动态图像（图像序列）是一个加入时间轴的三元函数。图形本身可以用多个一次函数、二次函数或样条函数来进行自适应拟合逼近。图像与图形相比，只不过是维数和像素数量上的差异，可以把图像表示为多个函数的拼接或运算。实际上，所有图形、图像的生成和转化都可以看作变换或映射，可记作一平面点集，是（0，1）区间有理数集合。这样在变换的意义下，对图形、图像及其变换的研究便被统一为一个整体而化作对映射的研究。目前，图形学和图像学还是分为两个不同的学科被研究，但是我们通过上面的研究发现，无论图形、图像用何种形式表示，图形与图像都是基于变换不变性的两个对立面。用变换将这两个问题统一在一起，不仅有利于这两门学科的学习与研究，而且在理论和实际应用中也具有一定的价值。当然，图形、图像作为一对反问题还需要进一步深化研究，如分形图像（形）绘制及其编码问题、分形的反问题、虚拟现实快速准确实现问题、三维信息重建与序列图像分析问题等的研究。各种技术都发展到一定的阶段时，必然会导致一些交叉性的学科（技术）产生。虚拟现实就是在图形、图像以及传感器技术（这里不做讨论）高度发展的基础上产生出来的。

（四）虚拟现实技术

虚拟现实技术发展至今，也只能说处于起步阶段。由于软硬件环境的限制和研究应用方向的不同，人们对虚拟现实技术的理解也有偏差。各专家学者为了不限制虚拟现实技术的发展，并没有对其给出一个统一的定义。这里笔者综合各种信息以及自己的经验和认识认为，虚拟现实技术是一种综合应用各种技术制造逼真的人工模拟环境，并能有效地模拟人在自然环境中的各种感知系统行为的高级的人机交互技术。虚拟环境通常是由计算机生成并控制的，可使用户身临其境地感知虚拟环境中的物体，通过虚拟现实的三维设备与物体接触，从而真正地实现人机交互。可以说，人处在虚拟环境之中跟处于现实环境之中是没有差别的。

人在注视或观察事物的时候，总有距离感和深度感，是同一物体轮廓或图像同时以不同的角度进入我们的眼睛，我们的眼睛对这两幅图像合成的结果。这是一门很古老的技术——视差技术，由于当时技术条件的限制，其没有得到很好的发展。直到 20 世纪 90 年代，计算机图形学的发展给视差技术的研究注入了活力。在虚拟现实中，视差是三维感图像形成的最基本原理。虚拟现实技术具有三个特征：第一，沉浸感，即计算机生成的虚拟世界给人一种身临其境的感觉；第二，交互性，即人能够以很自然的方式跟虚拟世界中的对象进行交互操作或者交流，着重强调使用手势、体势等身体动作（主要是通过头盔、数据手套、数据衣等来采集信号）以及自然语言等自然方式的交流；第三，构想，即虚拟环境可使用户沉浸其中并且获取新的知识，加深感性认识和理性认识，从而使用户深化概念和萌发新意。因此可以说，虚拟现实技术可以培养人的创造性思维。

虚拟现实技术中最关键的技术是环境建模技术。当今的环境建模方法主要有两种：一种是基于传统的图形学的三维几何建模，另一种是基于图像的建模。但常用的比较成熟的技术还是基于图像的建模，基于图像的建模有以下几种典型的方法：第一，基于立体视觉的方法。此方法利用三维视觉技术从已知的参考图像当中合成相对新的视点的图像，可从已经获得的 2D 图像中恢复形体的 3D 几何特征和光照、材料特性。由于采样图像中已经包含了当时的几何、光照、材料的综合信息，利用这些信息，可以合成不同视角的图像，可以在虚拟现实环境中从不同的角度来观察物体，实现漫游。使用这种方法不存在大量的内存冗余，但是需要建立很多特征对应（如特征点的对应），而且处理的数据量过大，实现起来有一定的困难。第二，基于全视函数的方法。基于全视函数的方法，也被称为基于全景函数的方法，它把空间任意点、任意时间和覆盖任意波长范围的可见光束命名为全景函数；它基于图像的水平 360° 及上下空间的图形组织环境，可以完整地表达周围环境的信息；它所表达出的周围环境相当于人们从一个固定点向四周转一圈所看到的景象。此方法建模简单，但是由于现有技术不成熟，所以对图像噪声比较敏感。为了保证图像立体匹配的正确性，不仅需要用户指定一些对应关系，还要求对输入图像进行密集采样，使相邻的两图像间的差别很小。第三，基于拼图和分层的方法。基于拼图和分层的方法就是对采样的图像（这些图像通常具有很多的重叠区域），先把它们统一投影到某一个曲面上，然后确定两相邻图像间的重叠范围，最后按照特定的算法将它们拼接在一起，且拼接时一般要求是无缝拼接，最终达到新视图的要求。该方法主要用于拼接柱面全景图，它利用图像的相关性原理寻找最大相关性来对齐重叠图案。该方案简单、有效，但有时因为重叠区域特征不明显，须人工干预对齐，导致存在对齐误差。

（五）图形、图像和虚拟现实技术间的关系

通过对图像的处理，可以实现对场景中物体轮廓的提取，而图形学正

是对物体形状描述的有力手段。另外，通过图形学中光照模型处理技术，可以实现"图像"效果的真实感显示，即达到图形的"图像化"。由此可见，对图像轮廓特征的提取和图形光照模型的绘制这两个过程，是图形和图像之间联系的桥梁。人们对图像更为感兴趣，因为它包含更加详细和丰富的内容，但是视觉的第一感觉是物体的形状和轮廓，即形状和轮廓是人们对物体最粗略的认识。我们对物体的细节感兴趣时，可利用对物体形状的描述逼近或生成物体的图像；我们对物体的轮廓感兴趣时，可利用图像处理技术，从物体的图像中抽取它的形状，即图形。当然，在计算机中重现事物时，将图形、图像技术进行有机结合，可产生良好的视觉效果。图像的绘制，图像的光照模型研究，图形、图像一体化数据结构的研究，以及图形、图像一体化建模技术的研究，等等，是目前研究中的热点。虚拟现实是一种全新的人机界面，可利用各种传感器设备，在计算机上通过图形、图像处理技术生成体视图及合成视图序列，从而构造出逼真的三维世界模型，进而达到直接交互，使人"身临其境"。虚拟现实技术借助大量的空间位置与深度信息达到对结构的显示，加之配套的配音技术，实现了"看得见、摸得着、听得到"。

所以图形、图像和虚拟现实技术之间有很明显的辩证关系，即三者既制约彼此的发展，又能促进彼此的发展。

图形、图像与虚拟现实技术在各个领域都有广泛的应用，尤其是新兴的虚拟现实技术，虽然没有很长的历史，但是从这些年的发展来看，虚拟现实技术在各个领域都有着非凡的使用价值。

二、数字音频技术

（一）数字音频技术分析

数字音频技术的核心为数字音频信号，而信号产生需要先处理模拟信号，然后对模拟信号以及数字信号进行转化，将其转变为可以被计算机有效识别的数字信号。利用音频模拟信号数字化处理技术，可以有效保留节目原有的音频效果，与传统技术相比，可以更好地提高节目的音频质量。另外，数字音频技术还能够将原本的模拟信号呈现给观众，使其"身临其境"，对提高用户体验效果具有重要意义。

（二）数字音频技术应用优点

1. 拓宽音频轨道

广播是主要的音频媒介。广播电台主要负责音频录制、处理，并有效传输处理后的音频信号，由收音机接收相关信号，达到节目播放的目的。将数字音频技术应用到广播节目中，可以有效拓宽音频轨道，提高音频质量，保证输出信号的稳定性，使得收音机接收到的信号质量更高。同时利用数字音频技术录制广播节目时，还可以实现音频 64 轨硬盘录音，及时弥补录制阶段出现的问题，如对存在偏差的部位进行补录或者调整录制轨道，保证广播节目具有较高的质量。

2. 共享存储信息

对于数字音频信息的存储，传统技术应用效果比较差，很容易造成大量的资源浪费，而将数字音频技术应用到其中，不但能够扩大音频存储空间，实现所有音频信息的有效存储，还可以将所有音频信息建立成一个资源库，实现音频信息的共享。在制作广播节目时，工作人员可以根据个人需求，在数据库内进行音频信息检索，充分发挥各个音频信息的利用价值，且提高工作效率。

3. 准确剪辑音频

应用数字音频技术剪辑广播音频，相比应用传统技术具有更高的准确性，其主要是通过波形技术将未修改的音频上传到显示器屏幕上，这样即便是应用高解像度的电脑显示器，也可以保证音频剪辑的精确性。剪辑过程可以将声音全部呈现在显示器上，这样工作人员就可以根据节目需要，准确且高效地进行音频剪辑，确保节目的音频效果可以达到人们的要求。

4. 广播系统优势

传统广播系统的主要功能为无线信息传输，而将数字音频技术应用于广播节目，可以利用其压缩编码及组网等功能来提高节目质量。压缩编码，即根据人耳对听觉感知与自主接收音频信号的能力，对音频编码频率进行调整，改善人耳对较低频率音频难以有效接收的情况，使得广播节目音频可以更有效地被人耳感知，提高广播节目信息传播的有效性。

（三）广播电视数字音频技术应用方向

1. 提高节目质量

广播电视的制作要求是具有较大的传播力，通过数字音频技术的应用，可以从音频处理以及节目质量等方面进行统筹规划，重点做好图像与声音的质量控制。在前期收集素材时，要保证素材质量，避免在后期影响节目制作效果。一般素材的采集会应用到传声器、调音台等设备，要根据实际需求来选择设备型号，保证能够将声音信号有效转化成数字信号。为实现模拟信号与数字信号之间的转变，应选择高频率采集技术，并配置数字化设备。

2. 完善制作手段

广播电视制作具有生动性、简明性以及时代性等特点，要求信息具有高效传递效果，这就要求工作人员可以熟练掌握并精确操作编辑软件，将光盘作为记录媒体，保证节目制作效果达到要求。但是节目制作并不仅仅是编辑人员的任务，其还涉及多个领域，包括心理学、信息学、新闻学、语言学等，需要各个部门、岗位间保持有效的联系，通过有效的手段来实现信息共享与传递。利用数字音频技术，除了可以满足信息传递要求，提高对技术价值和审美特性的重视，还可以进一步促进广播电视的发展。传统编辑工作受记录媒体限制比较大，在素材的采集阶段所需时间较长，这样不仅会影响节目制作效率，还会增加节目制作成本。数字音频技术的应用，可以对节目素材的采集方式进行调整。哪个阶段出现问题，可以有针对性地采取措施进行处理，不会对原始素材产生影响，且可以实现图片与文字的有效结合，提高音频信息传递和表达效果，为人们提供丰富的视觉体验。

3.更新专业技术

随着计算机网络技术的广泛应用，广播电视行业发展面临着更大的挑战。因此，我们应利用数字音频技术来促进广播电视行业技术的更新，实现技术的创新。数字音频技术可以对传统节目形式进行调整，且有利于行业的转型。在进行节目设计时，应充分发挥其所具有的潜力，形成多元化节目设计模式。同时，我们还可以有效利用网络媒体技术，对广播电视基础设施进行优化，形成集设计、生产、播出以及运行等于一体的运行系统，对产业秩序进行重组，提高广播电视行业的运营效益。

三、数字压缩技术

在现今的电子信息技术领域,正发生着一场有长远影响的数字化革命。数字化的多媒体信息尤其是数字视频、音频信号的数据量特别大，如果不对其进行有效的压缩就难以得到实际的应用。因此，数据压缩技术已成为当今数字通信、广播、存储和多媒体娱乐中一项重要的共性技术。

（一）数据压缩的作用

能较快地传输各种信号，如传真等；在现有的通信干线并行开通更多的多媒体业务，如各种增值业务；紧缩数据存储容量，如 CD-ROM、VCD 和 DVD 等；降低发信机功率，这对于多媒体移动通信系统尤为重要。由此看来，通信时间、传输带宽、存储空间甚至发射能量，都可能成为数据压缩的对象。

（二）数据为何能被压缩

首先，数据中间常存在一些多余成分，即冗余度。如在一份计算机文件中，某些符号会重复出现，某些符号比其他符号出现得更频繁，某些字符总是在各数据块中可预见的位置上出现，等等，而这些冗余部分便可在数据编码中被除去或减少。冗余度压缩是一个可逆过程，因此被叫作无失真压缩，或被称为保持型编码。

其次，数据中间尤其是相邻的数据之间，常存在着相关性，如图片中常常有色彩均匀的背影，电视信号的相邻两帧之间可能只有少量的事物是不同的，声音信号有时具有一定的规律性和周期性，等等。因此，有可能利用某些变换来尽可能地去掉这些相关性。但这种变换有时会带来不可恢复的损失和误差，因此被叫作不可逆压缩，或被称为有失真编码、摘压缩等。此外，人们在欣赏音像节目时，由于耳、目对信号的时间变化和幅度变化的感受能力有一定的限度，如人眼对影视节目有视觉暂留效应，人眼或人耳对低于某一限度的幅度变化无法感知，等等，因此可将信号中这部分感觉不出的分量压缩掉或"掩蔽掉"。这种压缩同样是不可逆压缩。

对数据压缩技术而言，最基本的要求就是要尽量降低数字化的编码，同时仍保持一定的信号质量。数据压缩的方法有很多，但本质上不外乎可逆的冗余度压缩和不可逆的摘压缩两类。冗余度压缩常用于磁盘文件、数据通信和气象卫星云图等不允许在压缩过程中有丝毫损失的场合中。在实际的数字视听设备中，一般采用压缩比更高但实际有损的摘压缩技术。只要作为最终用户的人觉察不出或能够容忍这些失真，我们就允许对数字音像信号进行压缩以换取更高的编码效率。摘压缩主要有特征抽取和量化两种方法，指纹的模式识别是前者的典型例子，后者则是一种更通用的摘压缩技术。

（三）数字音、视频压缩技术标准

1.数字音频压缩技术标准

数字音频压缩技术标准分为电话语音压缩、调幅广播语音压缩和调频广播及 CD 音质的宽带音频压缩三种。

（1）电话语音压缩，主要有国际电信联盟的 G.711、G.721、G.728 和 G.729 等编码方式，用于数字电话通信。

（2）调幅广播语音压缩，采用国际电信联盟的 G.722 编码方式，用于优质语音、音频会议和视频会议等。

（3）调频广播及 CD 音质的宽带音频压缩，主要采用 MPEG-I 或 AC-3 等编码方式，用于 CD、MD、MPC、VCD、DVD、HDTV 和电影配音等。

2.数字视频压缩技术标准

数字视频压缩技术标准主要有以下五种。

（1）ITUH.261 建议，用于 ISDN 信道的个人计算机电视电话、桌面视频会议和音像邮件等通信终端。

（2）MPEG-1 视频压缩标准，用于 VCD、MPC、PC/PV 一体机、交互电视和电视点播。

（3）MPEG-2/ITUH.262 视频压缩标准，主要用于数字存储、视频广播和通信，如 HDTV、CATCV、DVD、VOD 和电影点播等。

（4）ITUH.263 建议，用于网上的可视电话、移动多媒体终端、多媒体可视图文、遥感、电子邮件、电子报纸和交互式计算机成像等。

（5）MPEG-4 和 ITUH 视频压缩标准。VLC/L 低码率多媒体通信标准仍在发展之中。

（四）数据压缩的实现

在各种数据类型中，最难实现的是数字视频的实时压缩，因为视频信号尤其是 HDTV 信号占据的带宽较大，实时压缩需要很高的处理速度。现在，视频解码以及音频的编码、解码多依赖于专用芯片或数字信号处理器来完成，已有许多厂商推出了音视合一的单片 MPEG-1、MPEG-2 解码器。我国在发展数据压缩技术过程中，充分利用了软件人才优势。在软件实现方面，由于个人计算机（PC）主机的处理能力正在快速提高，直接利用编程实现各种视听压缩和解码算法对于桌面系统及家用多媒体将越来越有吸引力。1996 年上半年，英特尔向全球软件界发布了它的微处理器媒体扩展技术。这种技术主要是在 Pentium 或 Pentiumpro 芯片中增加 8 个 64 位寄存器和 57 条功能强大的新指令，以提高多媒体和通信应用程序中的循环速度。微处理器媒体扩展技术采用单指令多数据技术并行处理多个信号采样值，可使不同的应用程序性能成倍提高，如视频压缩可提高 1.5 倍，图像处理可提高 40 倍，音频处理可提高 3.7 倍，语音识别可提高 1.7 倍，三维动画可提高 20 倍。与 Pentium 完全兼容的 P55C 芯片是 1998 年 3 月正式推出的，而以后推出的 Pentiumpro 或 P7 等，均支持微处理器媒体扩展技术。

在数据压缩的硬件实现方面，根本的出路是要有自己的音像压缩芯片（特别是解压芯片），不管是通过专用集成电路来实现，还是借助通用数字信号处理器来编程，这类芯片的实现目前还只是"雾里看花"。

四、数字传输与版权保护技术

在现代社会生活中，随着网络和数字技术的快速发展与普及，通过网络向人们提供的数据服务也会越来越多，如数字图书馆、数字图书出版社、数字电视、数字音频、数字新闻等，这些提供的都是数字服务。数字具有易修改、易复制、易窃取的特点，因此，数字知识产权保护就成为基于网络数字产品应用迫切需要解决的实际问题。传统的加密技术无法有效地解决数字产品的盗版问题。若采用传统的加密技术，密文只存在于通信信道或送达最终用户之前，当密文形式的数字产品送达用户后，必须授权用户解密并使用，而一旦被解密，数字产品就完全变成明文，此时媒体提供者就无法制约合法用户的非法拷贝与再次分发。

（一）数字水印技术的特点

数字水印指嵌在数字产品中的、不可见的、不易移除的数字信号，是图像、符号、数字等一切可以作为标识和标记的信息，其目的是进行版权保护、所有权证明和完整性保护等。版权保护数字水印包含数字产品的出处和版权所有者标识等，能够为版权拥有者提供版权证明，在版权纠纷中维护版权所有者的合法权益。这就像给视频信号、音频信号或数字图像贴上了不可见的标签，用以防止非法拷贝和数据跟踪服务。提供商在向用户发送产品的同时，将双方的信息代码以水印的形式隐藏在作品中。从理论上讲，这种水印应该是不能被破坏的。当发现数字产品被非法传播时，可以通过提取出的水印代码追究非法传播者的法律责任。

数字水印技术与信息隐藏技术具有很多共同的特点，都是采用信息嵌入的方法，可以理解为信息隐藏概念更大。数字水印技术是信息隐藏技术的一种，但通常讲到的信息隐藏（狭义上）是隐藏和保护一些信息，而数字水印是提供版权证明和知识保护，二者的目的不同。

数字水印能够证明和鉴别版权所有者身份，具有较强的证明能力和说服力。数字水印应具有以下特点。

1. 鲁棒性

鲁棒性指嵌入数字水印的媒体在受到无意损害或蓄意攻击后，仍然能够提取数字水印，如加入图像中的水印必须能够承受施加于图像的变换操作（如加入噪声、滤波、有损压缩、重采样、D/A 或 A/D 转换等），不会因变换处理而失去，水印信息经检验提取后应清晰可辨。

2. 不可见性（透明性）

数字水印不应影响主媒体的主观质量，如嵌入水印的图像不应有视觉质量下降现象，且与原始图像对比，很难发现两者的区别。

3. 安全性

数字水印应能抵御各种攻击，必须能够唯一地标识原始图像的相关信息，任何第三方都不能伪造他人的水印信息。

（二）实现数字水印技术的有效应用须解决的问题

实现数字水印技术的有效应用需要解决一些问题，如消除在视频保护中数字水印与视频的相互影响，在版权保护系统中建立合理的数字水印协议，等等。此外，数字水印技术更注重嵌入信息与载体的完整性和鲁棒性。数字水印的抗攻击能力是其关键性能指标，某些攻击（如几何变换攻击、灰度直方图调整等）对于数字水印还是非常有效的。数字水印技术将一些标识信息（数字水印）直接嵌入数字载体（包括多媒体、文档、软件等）当中，但不影响原载体的功能或使用，也不容易被人的知觉系统（如视觉或听觉系统）观察或注意到。嵌入数字水印，即按照特定的嵌入算法将数字水印嵌入宿主（图像、音频、视频等）中，输入水印、要保护的载体数据，以及密钥(对称密钥或公钥),输出嵌入水印的数据。数字水印的提取(检测)即在需要时将数字水印提取出来,以证明媒体的版权归属或识别版权所有者身份;进行水印检测时,输入原始水印或原始数据、测试数据、对应密钥,输出水印或可信度测量值。

(三)评价数字水印技术的优劣

在版权保护应用领域,数字水印技术的评价指标通常包括以下两个方面。第一,鲁棒性。数字水印算法的鲁棒性基于攻击测试评价,而常见的对数字水印的攻击包括低通滤波、添加噪声、去噪处理、量化、几何变换(缩放、旋转、平移、错切等)、一般图像处理(灰度直方图调整、对比度调整、平滑处理、锐化处理等)、剪切、JPEG压缩、小波压缩等,通常通过计算归一化相关系数来度量提取出数字水印和原始数字水印的相似程度,以此衡量数字水印的鲁棒性。第二,不可见性。数字水印的不可见性有两个方面的含义,一方面指数字水印的不可察觉性,另一方面指数字水印不影响宿主媒体的主观质量。盗版者攻击数字水印的目的是通过数字产品的少量处理,在不影响数字产品使用价值的前提下,破坏作为版权标识的数字水印,使版权所有者失去维护自己合法权益的依据,从而牟取利益。所以盗版者对数字水印的攻击一般会力求不影响数字产品的质量,否则盗版者也无法获得利益。

(四)数字水印的检测技术

水印检测狭义上指检测器通过一定的方法判断数字产品中是否含有数字水印,而水印提取指检测器通过一定的方法将数字产品中的数字水印信息提取出来。水印提取追求尽可能地获得原始的水印信息,而水印检测的目的是判断水印的有无。从广义上讲,这两种技术都可以称为水印检测技术。一般意义上,水印检测技术应考虑以下问题:水印信号本身的特性、水印信号的类型、安全参数等确定性参数，以及强度、冗余度、概率分布等各种统计特性；水印传输、使用过程中遭受的噪声等无意攻击对原水印信号的影响，以及非法篡改、去除等恶意攻击对原水印信号的影响；水印信息与载体文件的叠加方式，即特定的水印嵌入技术。

第三章 数字媒体文化传播的主要类型

第一节 人际传播

如果说人内传播是最基础的传播方式，那么人际传播就是生命个体最本能的传播方式。在人类早期，因为科技落后，并没有文本等记录方式，文化传承主要依靠人与人之间面对面的直接传播，也就是人际传播。一个生命个体从诞生到产生"自我概念"，依靠的就是人际传播过程的长期滋养。人际传播是人最"原始"的传播方式。

一、人际传播的定义

人际传播，指人与人之间的信息传递。其可以是面对面的直接传播，也可以是以各种媒介为中转的间接传播。人际传播存在于除人内传播以外所有的传播方式中，它是个体生存于社会的基本方式，是最基础的社会活动之一。通过人际传播，不同个体之间相互产生共鸣或排斥，从而形成社会关系网络，并进行扩增、筛选与重建。值得注意的是，单方面发出的信息不可被称为人际传播的信息，只有构成了信息发出者、信息接收者二者间的联系，其过程才能够被称为人际传播。同时，信息的发出者也是信息的接收者，在发出信息的同时也接收信息并相互产生影响。

根据"奥斯古德与施拉姆循环模式"，所传递的是"信息"，并未被定义为语言。可见，"信息"既可以是语言类，亦可以是非语言类。从中可以看出，人际传播具有多样性，它不单纯是通过语言进行的传播，而是多元化、多层次的传播。最基本的人际传播可分为两类。

（一）语言文字类

最普遍的人际传播就是通过语言进行的传播。语言的根本属性是信息，因此在人类的信息传播过程中，文化随之发展，语言也会得到更深层次的构建与理解。

在语言文字类的人际传播中，人们通过日常生活经历对语言进行基本构建，同时通过语言对世界进行再构建。我们生存在一个由语言构建的世界中，而世界也在不断赋予语言新的发展趋势与意义。

（二）感知感受类

有些人一见面就让你感觉不易相处，有些人一见面就让你感觉很和蔼，这就是感知感受类的人际传播。人的表情、嗓音、体态、姿势、动作、衣着，甚至无声的沉默、自然状态下二人之间的距离、二人常态下的联系频率等，都是构成感知感受类人际传播的媒介。例如，二人并排行走，他们之间的距离远近反映了二者的亲疏程度。手放的位置也可以反映二者的关系，若手搭在另一人肩膀上，这是关系极好的朋友；若手放在背上，这是长者或关系一般的朋友；若手放在腰上，是关系亲近的亲人或恋人。

感知感受类人际传播充斥在生活的每个细节中，它是自然发生的，是通过多种方式表达的。同时我们要注意，感知感受类人际传播会受文化空间的限制。在不同的文化背景下，同样的表达，其意义可能是不同的，甚至是完全相反的。

在"奥斯古德与施拉姆循环模式"中，编码、释码、译码过程就是信息的处理过程，其中编码是对个体思想或情感进行编辑，释码是对传播行为（语言、姿态、神态、状态等）进行解读，译码则是对信息的感知进行反馈。该循环模式将人际传播限定在两个个体之间，并运用最基础的信息转换过程进行表达，对人际传播以最概括的形式进行阐述。

二、人际传播的意义

当你饿时你会对食物产生渴望，当你渴时你会对水产生渴望，那么当你满足了所有的物质需求之后，你会对什么产生渴望呢?1943 年，美国心理学家亚伯拉罕·马斯洛在《人类激励理论》一文中提出了他对人类需求的分层，也就是著名的马斯洛需求层次理论。当满足了基本的生理需求后，人就转向了精神需求。他提出人的需求是阶梯性的，由低级到高级，这也符合人类的进化发展规律。人际传播旨在满足社交或其之上的某种较高层次的需求。

三、人际传播的特点

人际传播穿插于除了人内传播以外所有的传播形式中，因而人际传播有着极强的融合性，这正得益于它的以下特点。

（一）反馈速度快，信息量大

在面对面的信息传播中，二者间的反馈几乎是即刻的。当信息出现偏差或错误时，修改也是即刻的。当产生中间层次的媒介时，信息的传递速度必然受到限制，同时信息出现偏差与错误的程度也会随着中间层次数量的增加而增加。成语"以讹传讹"体现的就是本就错误的信息在传递后越传越错。

（二）传播的符号系统多

人际传播有着多元化属性，传播信息的方式与渠道也各式各样，传播的符号系统较多。许多信息的传递是非语言文字的传递，如表情、眼神、姿态等。在传播过程中，二者之间不单单可以运用语言文字进行传递，更可以运用非语言文字等传播方式辅以表达传播，以此增加信息内容并加大传播力度。

（三）感官参与度高

这个特点与其第二个特点有关联，多渠道、多方式的信息发出运用到的感官随之增加，同时接收方所需动用的接收器官也将增加。因而，在人际传播中，感官的参与度很高。

四、人际传播中存在的问题

人际传播中信息传递是直观、直接的。在人际传播过程中，信息接收者对于信息的接收近乎是被动的、不可抑制的，这也导致人际传播中以下两个问题的产生。

（一）信息的真实性不可控

信息接收者仅仅是单方面对信息进行接收与辨别，无法对信息的来源方进行更深入、更具体的研究与探索，且人际传播中信息的流动具有不可控性，信息的真实性也就无法进行控制。同时，人际传播具有传递性，这导致多个中间层次媒介的产生，对于信息的准确性、真实性更是一个不可控的条件。

（二）信息的私密性不易保护

人际传播中个体对未知信息充满渴求。当未知信息产生时，个体间的人际传播开始进行，信息开始流通，而终止信息有可能是信息发送者A（首位发送者）不想进行信息的多次传播，而人际传播的流动性又是不可控的，因而 A 所发布的信息的私密性受到威胁。同时，人际传播是持续不间断地进行的，这就意味着信息的流动是时刻进行的，甚至一些保密性信息也是存在私密性隐患的。

五、人际传播的技巧

人际传播作用于除人内传播以外的所有传播形式中，其传播方式更具技巧性。

（一）谈话技巧

（1）内容明确。一次谈话围绕一个主题，避免涉及内容过广。

（2）重点突出。重点内容应突出，适当重复，以加深对方的理解和记忆。

（3）语速适当。谈话的速度要适中，适当停顿，给对方思考、提问的机会。

（4）注意反馈。交谈中，注意观察对方的表情、动作等非语言表现形式，及时了解对方的理解程度。

（二）提问技巧

（1）封闭式提问。封闭式提问的问题比较具体，对方用简短、确切的语言即可做出回答，如"是"或"不是"，"好"或"不好"，"5 年""40 岁"，等等。适用于收集简明的事实性资料。

（2）开放式提问。开放式提问的问题比较笼统，旨在诱发对方说出自己的感觉、认识、态度和想法，适用于了解对方的真实情况。

（3）探索式提问，又被称为探究式提问。探索式提问的问题为探索究竟、追究原因，如"为什么"，以了解对方某一问题、认识或行为产生的原因，适用于对某一问题的深入了解。

（4）偏向式提问，又被称为诱导式提问。偏向式提问的问题中包含提问者的观点，以暗示对方给出提问者想要得到的答案，如"你今天感觉好多了吧？"。适用于提示对方注意某事的场合。

（5）复合式提问。复合式提问的问题为两种或两种以上类型结合在一起的问题，如"你是在哪里做的检查？检查结果如何？"。此种提问易使回答者感到困惑，不知如何回答，故应避免使用。

（三）倾听技巧

（1）集中精力。在倾听的过程中要专心，不要轻易转移自己的注意力，要做到"倾心细听"。

（2）及时反馈。注视对方，积极参与，及时反馈，表明对对方的理解和关注。

（四）反馈技巧

（1）肯定性反馈，即对对方的正确言行表示赞同和支持时，应适时插入"是的""很好"等肯定性语言或点头、微笑等非语言形式予以肯定，以鼓励对方。

（2）否定性反馈，即当发现对方不正确的言行或存在的问题时，应先肯定对方值得肯定的一面，然后以建议的方式指出问题所在，使对方保持心理上的平衡，易于接受批评和建议。

（3）模糊性反馈，即当需要暂时回答对方某些敏感问题或难以回答的问题时，可做出无明确态度和立场的反应，如"是吗""哦"等。

（五）非语言传播技巧

（1）动态体语，即通过无言的动作传情达意，如以注视对方表示专心倾听，以点头表示对对方的理解和同情，以手势强调某事的重要性，等等。

（2）仪表形象，即通过适当的仪表、服饰、体态、姿势，表示举止稳重，有助于赢得对方的信任，使其接近。

（3）同类语言，即通过适度的变化语音、语调、节奏及鼻音、喉音等辅助性发音，以引起对方的注意或调节气氛。

（4）时空语，即在人际交往中利用时间、环境、设施和交往气氛所产生的语义来传递信息。

第二节　群体传播

群体传播是以"我们"的形式存在于社会中进行的信息交流沟通行为，它以信息传播形式维持群体的框架，其内部成员不固定，且在群体内自由交流发言，无制约行为，却有着统一性与发展性。

一、群体传播概述

（一）群体传播的概念

群体传播，是指通过相同的利益、观点、看法等目的性因素而相互关联，形成的具有相互影响作用的个体、集合体之间的信息沟通交流行为。群体传播与人际交流的不同之处在于其具有范围性、规模化的信息传递沟通。"群体"在《新华字典》中被解释为："指由多个具有共同特点且互有联系的个体组成的聚集体。"

群体并没有强制性的数量限制，一般情况下，大于两个人的，因各方面因素凝聚在一起的人群就可以被称作群体。一个班级中的一个讨论小组可以说是群体，全世界人民也可以被称作群体，只要是有着共同的目标，均可划归为群体范畴。群体传播的信息具有一定的倾向性。因为是因同一目标而聚集的群体，所以其信息的内容观点具有一定的倾向性，且当群体中有异样声音或行为时，往往会因群体的压力与牵引使其归列于群体思想范畴。

（二）群体传播的特点

因群体的属性与性质，群体传播具有以下特点。

1. 群体传播具有责任共有性

在群体中，信息的输出一般为集合性质的输出，内部的信息交流有可能是组员之间匿名性质的，对外的信息更是以"我们"这一性质集体进行输出，其信息更无源头可循。群体传播的信息属于群体中的每一个个体，信息的影响与效果以及所带来的责任也与群体中的每一个个体有关，因而产生了群体传播的特点之一——群体传播具有责任共有性。

2. 群体传播存在群体压力与趋同心理模式

个体的意见或少数个体的统一意见在群体中受群体压力的影响，且群体内个体因群体统一性影响具有趋同心理模式。一般情况下，人的常规认知会认为，大多数人提供的信息的真实性与准确性更高，因而群体内"大群体"信息会对"小群体"的心理认知产生冲击。群体中的多数意见持有者会对少数意见持有者造成心理压力，迫使少数人（或使得他们盲目）放弃自己的真实想法而与多数人保持一致。经济学里经常用"羊群效应"来描述经济个体的跟风心理，哲学家可能解释为这是人类理性的有限性导致的，心理学家可能解释为这是人类的从众心理，社会学家可能解释为这是人类的集体无意识。不论怎样解释，群体压力不只是来自权威或制度的命令，更主要的是来自人的心理。作为社会性的人，人们有着合群倾向以避免孤立或制裁。同时，基于对生存环境不确定性的判断，人们倾向于认同多数人的意见，以获得心理安全。

（三）群体传播与群体意识

群体传播不仅与群体的形成密切相关，还对群体意识的形成起着关键作用。群体意识包括群体归属、群体感情、群体目标和群体规范的合意等方面的内容。群体意识的形成对群体来说非常重要，它形成以后，会对群体成员的个人态度和行为产生制约作用，是相对于个人意识的一种外在的、约束性的思维、感情和行为方式。

这种群体意识的形成就是群体传播的结果，可以说，离开了群体传播，群体意识就不可能存在。任何一个群体都具有自己的传播结构，而这个结构可以从信息的流量与流向两个方面来理解。一方面，信息的流量大，意味着信息覆盖面广，群体成员间互动和交流频率高，群体意识中的合意基础好；另一方面，信息的流向是单向的还是双向的，传播者是特定的少数人还是一般成员都拥有传播的机会等，对群体意识的形成也是至关重要的。双向性强意味着群体传播中民主的讨论成分多，在此基础上形成的关于群体目标和群体规范的合意更统一，群体感情和群体归属意识更稳固。一句话总结，群体的凝聚力更强。

反之，群体意识形成以后，也会对群体传播产生重要影响。法国社会学家 E. 迪尔凯姆认为，群体意识虽然可以通过社会化过程为个人所吸收，但总体上仍然属于一种集合意识，而这种集合意识往往会对群体传播的结构和流程发生重要作用。

二、群体传播的影响因素

（一）群体情绪的感染力与群体暗示

传播学者伊丽莎白·诺尔-诺依曼在其著作《沉默的螺旋：舆论——我们的社会皮肤》中提出了政治学与传播学相交的理论：沉默的螺旋理论。

其所表达的理论现象是：当传播中的某观点得到肯定并得到更大范围的传播时，会有更多的个体趋于此信息。而当个体某一观点在传播过程中受到阻碍时，传播进入"沉默"或其对立信息得到更广泛的传播与肯定，个体本身将会沉默，即使自己并不赞同对立信息。因而一方的赞同者越来越多，另一方的发言人越加沉默而形成螺旋式发展。这就是群体的情绪感染力与群体暗示。当"大集合"表现出自己的观点更为社会所赞同时，"小集合"为避免受到某些反对的态度与想法而使己方陷入麻烦，会进入"沉默"，更不愿表达自己的观点。

（二）群体潜意识反孤立模式

群体传播中个体的自我意识对信息的继续传播有着极强的控制性与表现性。从心理学分析中可以看到，群体传播中有着明显的"潜意识反孤立模式"。群体传播的特点中提到过群体压力与趋同意识，进一步分析，鸡尾酒会效应与"可能"的自我这两点在传播中最具表现力与侵略性。

1.鸡尾酒会效应

鸡尾酒会效应在心理学上也被叫作选择性注意，意指个体面对信息会有选择地进行接收，忽略掉无用的信息，听到最具意义与效力的声音。而在群体传播中，信息传递过程中总会有对立信息的产生，信息的接收又是主动进行被动接收的，这导致了选择性注意无法成立，进而对信息无条件地全部接收。

2."可能"的自我

此处并非黑兹尔·罗斯·马库斯和保拉·S.纽瑞尔斯提出的可能的"自我"理论，而是"可能"的自我。"可能"两个字的定义决定了二者的不同，前者意味着个体参考个人能力及潜力对未来产生自我的猜想与定位的精神描述，也就是经过实践可能成就的良好自我，或者反向可能成就的劣性的自我；而"可能"的自我，则是在可能上定义，"可能"二字不再是以自己的能力与潜力为参考标准，而是受到外界影响，本身的"自我"丧失，一个截然不同、趋同于社会大趋势大潮流的"自我"的产生与发展。在群体传播中，当个体本身处于"小集合"中时，信息的被动接收使得本身的"自我"受到一次次"大集合"信息的冲击，造成对"自我"本身的怀疑，进而在"大集合"中形成一个假象的"可能"的自我，并在"小集合"声音越渐低下的情况下，造成对本身"自我"的压力，慢慢"自我"被"可能"的自我替代。

在群体传播中，两种特性进行统一性的反应，这可能是一种潜意识反孤立模式。个体抑或"小集体"的信息在传播过程中受到群体大环境或"大集合"的信息压制时，个体或"小集体"潜意识会趋利避害。人类本身群居动物的属性，使得在群体传播中，人们惧怕因自己表达的信息使自己受到排斥以致被群体孤立，所以潜意识在遇到信息与"大集合"不同时，一般个体将对信息进行"密封"，让自己进入"沉默"状态，并质疑自己的想法，趋向于"大集合"的信息所表现的思想观念。

三、群体传播的模式

群体传播中，信息的传递引发群体产生情绪，并传递情绪，此传递对群体传播影响力巨大。在不同的制度、不同的时期、不同的族群、不同的政治管理和地域差异下，群体的情绪以不同速度、不同程度进行被动传递。群体情绪在群体内进行传递，并且产生感染力，使群体产生集合行为。

大多灾害、社会事故发生后，伴随着物价上涨、大量流言的传播，群众会莫名地、自发地进行游行、反抗。这就是集合行为，其大多以集群、恐慌、骚乱形态出现，会对社会造成极大的破坏，扰乱社会秩序，干扰社会正常运行。当地震、火灾、海啸等不可抗的自然灾害发生时，群体的骚乱、社会的混乱就是群体间发生了情绪的相互传递与感染。

群体传播的高速以及不可控性引发了集合行为。集合行为中群体内人员自发参与，个体间情绪相互感染，情绪感染形成的环境状态使得群体传播速度加快，个体情绪爆发。群体的不稳定性以及群体传播的即时性，会使得集合行为持续时间较短。

第三节　组织传播

组织传播，也被称为团体传播或组织沟通，它与群体传播的差异在于它是具有一定规模性、固定性和团队性质的信息传递，在社会中进行着可控的、调节性的信息传播。

一、组织传播的概念及分类

（一）组织传播的概念

组织传播是社会中最具代表性的传播方式。美国学者本杰尔德·戈德哈伯说："组织是由各种相互依赖关系结成的网络，为应对环境的不确定性而创造和交流信息的活动。"国内传播学者郭庆光认为："组织是以组织为主体的信息传播活动。"组织传播牵涉人的态度、感情、关系与技巧。传播者以组织或团体的名义讲话，信息大多是指令性、教导性和劝服性的内容，具体活动是在有组织、有领导的情况下进行的，传播活动有一定的规模。

组织传播在组织内依靠纵向传播的下行传播，使得组织形成了组织内部的指挥管理系统，通过信息的纵向流动进行命令的下达，同时在组织内部通过横向传播对组织进行内部协调以及展开组织行动。信息流动过程中，通过纵向传播的上行传播对组织活动、内部状况进行反馈，使高层次信息输出者对信息进行修改应变；通过组织传播的手段，使得组织内部得到更强的凝聚力以及和谐统一的目的性，加强了组织本身的属性。

（二）组织传播的分类

组织传播，是以团体、组织、固定成员方式进行的信息活动。它可分为两类：组织内传播和组织外传播。下文将对这两类组织传播方式分别进行阐述。

1. 组织内传播

组织产生的原因是具有统一目的性或统一利益关系，在组织内自然产生层次差异，进而产生管理控制体系。同时，组织内传播还存在正规渠道传播与非正规渠道传播。就正规渠道而言，组织传播有两个方向：纵向传播、横向传播。

（1）纵向传播

组织传播自然产生了层次差异，因而产生了纵向传播，且具有双向性。下行的传播为高层向低层的逐级递减传播，如在社会企业中政策的下达、企业管理的任务下达、会议的逐层召开等。其意义在于信息更有针对性地进行传达，由高级决策者以高视角传递大局观所得到的信息及对策，逐级向下传递，逐渐具体化、细节化，使信息在传递过程中得到展开与进一步发展。同时，由上而下的传播进一步控制组织传播的层次，明确各级义务与权利。

然而由上而下的传递过程中可能会产生人际传播中出现的"中间层"问题。中间层的增多在信息的展开与发展过程中可能使信息理解产生偏离，甚至产生信息滞留等问题，因而产生纵向传播的另一方向传播——上行的传播。上行，也就是由低层向高层进行信息的流动，一般情况下是下行信息传达后的反馈。例如，公司的成果汇报或完成进度汇报，也有对上层信息的建议、修改意见等。上行传播在纵向传播中起到了更重要的作用，它是高层得到基层信息的重要方式，并且是高层对自己下达信息得到的反馈，以确定信息的合理性。同时，上行传播可以使上层信息发出者了解下层信息接收者对信息的执行力度，在企业中可以以此分析工作人员的能力与认真程度，对公司员工做进一步了解。一般来说，纵向传播是组织内部进行信息交流的直接方式，决定着组织的运作与执行。

（2）横向传播

组织中也存在同层次间的传播，在相同层次中的不同成员或小团体间的交流属于横向传播。横向传播更具活跃性。在同层次间，信息的发出者与接收者没有了层次限制，能更开放地进行信息的交流沟通。同时，横向传播可以使纵向传播中下行信息更有效地执行与运作，更易于信息的"分解"。横向交流有益于增加组织的凝聚力，消除组织间的冲突。就非正规渠道的组织内传播而言，传播内容一般更具自由性、不确定性，但信息的真实性无法保障。非正规渠道的组织内传播不具有严格的层次规格限制，一般在组织内部随机产生信息首个输出者，进而跨越层次限制，在组织内进行传播。例如，企业内经常产生的裁员传闻、校园内的流言蜚语等。信息的首个输出者一般不为人所知，且信息传递速度极快，但信息的真实性不确定，不具有可证实性。非正规渠道的组织内传播相比正规渠道的组织内传播更具复杂性与不可控性。

2. 组织外传播

组织外传播往往是组织与组织之间的信息传递或组织与社会及其他大环境的信息交流。组织内部高层的信息来源一般为下层的上行传递和从组织外传播中所接收的信息。当然，组织外传播也包括组织主观向外界发出的信息。例如，品牌、公司的自我宣传推广，社会资源比例的变化，社会需求与输出的变化，等等。组织外传播的输出一般是主动的，通过公开场合的讲话、发布会、讲解会等；而输入一般是被动的或经由调查获得的，如市场购买力的比重程度、资源自由度等。

二、组织传播的特点

组织传播最突出的特点就是组织自然形成阶层制，以及同层次内不同分工部门的产生。同时，组织传播是一个可独立在系统内进行传播的方式。而基于组织传播阶层制的特点，系统内信息强制性传播，当上层信息向下层进行传递时，接收方是被动、强制进行接收的，是不可抗拒的。组织传播具有双向性，下层可以在信息接收后的反馈中提出建议与质疑，但对信息没有决定性的控制权。

由此可以看出，组织传播与组织是相辅相成的，组织的任何活动与行为均通过组织传播进行；同时只有进行组织传播，组织才能良性运作。考察组织传播，也就是考察组织本身。

第四节　大众传播

一、大众传播的概念与特点

（一）大众传播的概念

大众传播作为人类最重要的一种传播形式，是指专业化的媒介组织通过一定的传播媒介，在接受国家管理的前提下，对受众进行大规模的信息传播活动。大众传播对社会有着潜移默化的作用，它改变着人们的工作方式和生活方式，改变着传统观念。1945 年 11 月在伦敦发表的《联合国教科文组织宪章》中首先使用了这个概念。

（二）大众传播的特点

（1）组织性。大众传播的传播者通常是一个庞杂的机构，内部有精细的分工。如以报纸传递信息的报社，即由采访、编辑、评论、广告、经理等许多部门组成。

（2）公开性。大众传播与密码、旗语、信鸽、书信等传播方式不同，它不具有保密性，这就决定了各种社会制度下的政府部门，往往以不同的方式或在不同程度上对传播内容加以审查和控制。

（3）易逝性。报纸刊登的消息，广播、电视播送的节目，通常只具有一次性阅读、视听的价值，除非接收者为了某种用途，以剪报、录音、录像等方式将信息储存起来。这就迫使传播者必须注重信息传递的时效。

（4）选择性。选择性具体表现在四个方面：一是传播工具对受众有一定的选择；二是受众对传播工具有一定的选择，年龄、性别、职业、文化素养、个人兴趣等可以使受众分为不同的读者层、听众层或观众层，而不同层次的受众偏爱不同的传播工具；三是受众对传播的内容可以任意选择；四是受众对参与大众传播的时间可以自由选择。受众的选择性表明，大众传播并不意味着对每个人的传播。

（5）受众具有匿名和参差不齐的特性。传播者可能了解受众总体的某些情况，但对具体的接收者往往是不熟悉的。

（6）单向性。受众无法当面提问、要求解释，整个传播过程缺乏及时而广泛的反馈。

（7）快速性。不断吸收最新科学技术，提高传播信息的速度，是大众传播的一个发展趋势。

二、大众传播的主要媒介

（一）印刷媒介

印刷媒介的诞生离不开造纸术和印刷术的发明。所谓印刷媒介，就是将文字和图画等做成版、涂上油墨、印在纸上形成的报纸、杂志、书籍等物质实体。今天，印刷媒介已经高度普及，书籍、报纸、杂志等出版物作为人们每天获取信息、知识、娱乐消息的基本渠道之一，在社会生活的各个领域发挥着重大的作用。

印刷媒介作为人类传播的主要工具之一，具有鲜明的特点：它借助机器设备可以迅速、大量地印制生产；它容纳的信息多、内容广；读者可以自由地选择阅读的时间、地点、速度和方式；它可以长期保存，随时取阅，反复研读；它能适应不同读者的不同兴趣和要求，报纸、杂志、书籍也在日益向"小众化"方向发展；印刷媒介的威望较高，专业性较强。印刷媒介的缺点：文化程度低、识字少的人无法充分使用和分享其中的信息。

（二）广播媒介

就像印刷媒介是对书写媒介的超越一样，广播媒介是对印刷媒介的超越。广播媒介不只是指接收媒介（收音机），还包括录编设备（录音机、编辑机、合成机等）和传送媒介（信号发射机、发射天线等），而正是这三者的有机结合、合理分工才共同构成了广播媒介。

广播媒介的特点需要对上述三者的特点加以综合并全面描述：它可以被真实地记录、复制和控制人类的声音，使稍纵即逝、过耳不留的声音可以被留存，也可以用或大或小的声音传播；传播信息迅速、及时，有时与事件的发生几乎同步；传播范围广阔无限；声音传播一听就懂，易于沟通，适应于不同文化程度的听众。广播媒介的缺点：稍纵即逝，无法重复，不容细想，受众较为被动。

（三）电视媒介

电视媒介是20世纪产生最晚但发展最快的传播媒介。电视媒介的优势：电视将文字、声音、图像、动作四者的传播有机地结合了起来，是生动、直观的传播工具，给人最大限度的真实感；电视的普及率不断提高，电视成为当代公众接收信息的主要渠道；信息传播速度越来越快；具有极强的娱乐性，为百姓所喜闻乐见。电视媒介的缺点：记录性较差，内容稍纵即逝；公众对内容的选择余地小；接收方式不够灵活；制作费用高昂，是几种传播媒介中最贵的。

除了以上三种媒介之外，大众传播还可通过网络及其他媒介进行。

第五节　网络传播

随着社会的进步、科技的发展，信息交流的速度、范围以及手段都在逐渐增加。网络传播是新兴的传播方式之一，它可以打破地理、文化等方面的束缚，以网络为平台进行信息的自由传播，使得传播进一步发展。

一、网络传播的界定

（一）网络传播的基本概念

网络传播是指以计算机通信网络为基础，在网络平台上进行信息的交流互动。它融合了几乎所有传播方式、手段的传播特征，传播结构为网状式结构，其内部所有"结点"均可发出、接收消息，且信息以非线性方式在网状结构内传播。网络传播打破了原始三大传播媒介，即印刷、广播、电视媒介的垄断，使传播以计算机为基站进行信息互动。它以"计算机"（包括所有手机及其他智能技术）为基础硬件，以信息技术为软件基础，将信息数字化，通过"0"与"1"的结合进行编码式信息传递。

综上所述，网络传播就是人类通过计算机网络进行的信息传播活动。网络传播的信息以数字形式在网络数据流、磁卡、磁盘中进行储存，通过计算机网络高速传递，再通过计算机进行解码、译码，以此达到社会文化传播的目的。

（二）网络传播的建立

第二次世界大战时期，美军为研制新型大炮并进行弹道计算，发现人类进行计算的效率极低，为此提出了"电脑"的设想，并在一段时间的曲折经历后开始进行研制，而后以计算机为基础，为了实现数据的传递与交互，进行了信息传递的研究，慢慢将独立发展的计算机技术与通信技术相结合，完成了网络的雏形。最开始的网络并非民用的，而是军用的，是为了满足战场中分秒变化的战略部署而应用网络进行高速的信息传递。

网络传播的建立引发了又一次信息革命，从口头传播到文字传播，再到电子传播，直到网络传播，一次次的传播革命几乎都建立在一次次科技革命的基础上。网络传播是现今社会需要的一种现代化传播方式，有着多元化、多维度的传播方式，同时遍布所有可知的信息方式中，渗透在政治、军事、经济、思想、文化中，对社会进行着全方位的影响。它在时代的推动下进一步提高了传播的广度与深度，以一个虚拟的平台模拟了所有的传播方式，且点对点、面对面、点对面、双向、单向等传播形式均可在这个虚拟平台上进行。

（三）网络传播的必要性

社会的发展与世界的变化在现今信息爆炸的年代进一步加速，信息的有效高速传递是推动世界和社会发展的保障与力量。网络使不同文化之间有了交流的可能，也打破了地域的限制，使得全世界的人们可以在一个没有空间、时间等方面限制的虚拟平台上进行所有的思想碰撞与交流，并且即时即刻地传播信息。网络传播大大满足了文明的发展需求，加强了思想的交互性。

网络传播还可以使信息打破平面模式，进行立体传播。同时，网络传播可以加深政府对民意的了解，通过对网络信息的传播统计与内容热点分析来了解社会情况，可以让高层行政人员了解到基层情况。

二、网络传播的特点

（一）高速、高效、大范围

网络传播将信息编码为"0"与"1"结合的数据流通过"虚拟平台"进行传播，再通过其他端点进行解码、译码并使信息重现。现在可以通过光纤等手段将信息瞬间传遍全世界，它突破了纸质媒体的印刷、发售等中间环节对信息的滞后影响，超越了广播等电子媒体的无线电信号的覆盖范围，达到了全方位的无限制传播。同时网络媒体是以网状结构的形式进行网络传播的，因此网络传播可以在同时进行一对多、多对一、点对面、面对面的即刻传播，可以让接收方第一时间接收到信息。

然而，网络传播的高速、高效、大范围，也使得信息内容难以控制，一些隐私、加密类非主动传播的信息有了泄露危险。同时，虚拟平台信息的上传之简单，使得网络传播中信息的质量良莠不齐。端点上传模式使得上传者可以以匿名的形式接触其他受众，因此也使得一些非正规、有害于社会的信息有了传递的可能。在现今信息爆炸的社会中，信息的可控性越加值得我们研究与重视。

（二）信息流的高速流动与更迭

高覆盖、多节点以及高速的信息流通使得信息的流动性极高。信息的高速更新使得个体能够更快地、即刻地了解到世界的变化、社会事件的发生以及进展，有助于决策者即时进行决策改变，也有助于执行者及时了解决策者的决策，尽快进行执行与反馈。同时平台是开放的，使得网络传播存在开放性以及自由性，信息可被大量输入、高速传播、高速反馈，从而进行高速的整合更新。

海量和高速的信息运作使得信息的流动性极强，受众对信息的吸收性降低，甚至造成碎片式信息的传播加强。网络传播将社会投影在虚拟的平台上进行"实时播报"，也可能使个体完全迷失在虚拟平台中，对电脑的需求度大幅度上升，对社会的排斥度上升，同时因平台中同样存在着信息的交流沟通，甚至更自由、便捷，因而放弃了对现实生活中人际交往的需求，使得人独立于世界，阻碍了个体的良性发展。

（三）多元的信息

网络传播摆脱了纸张、语言、画面等方面的限制，将信息进行多方面组合、多元化的展现。网络传播的兼容性极强，使得信息有了更立体的表现形式，提高了接收者对信息的感知程度与理解程度，增强了多感官的接收，甚至使接收者可以自由地选择信息的接收方式与感知程度，立体地通过平台整合信息。

多媒体形式的信息提高了接收者的感知程度，加强了接收者对信息的理解能力，从而加大了对信息内容整合的难度。接收者需要对信息有更强的辨别能力，而输入者需要有更强的信息编辑能力。

（四）信息的交互性强

网络传播为所有在线者构建了一个虚拟平台，以高速的信息流通以及全面的覆盖性为基础，使输出与接收之间建立了交互性。同时网络传播的属性，使得每一个节点"身兼二职"，输出与接收二者时刻转换，信息以最快速度进行再编辑并发送，使得双向的流通产生。相比单向传播而言，双向传播使得信息的交互性更强、更深入。

信息交互的加强也在一定程度上造成了信息的个人化现象越加严重，信息的所属无从确定。平台中的信息经过下载后再上传便可使信息个人化，因而在信息的归属问题上还需加强研究与技术支持。

（五）低成本的运营

进入网络传播仅需"在线"这一个条件，一个端点硬件支持，一个线上的接入，网络传播便可达成，其成本的低廉在当今社会几乎可以被视为零消耗。一部手机，或一台电脑，就可以满足所有的硬件要求，而维持也并无其他经济要求。因而，相对其他传播方式而言，网络传播的效果更好、费用极低、"性价比"极高。

低成本在线所带来的问题就是节点的增多，信息上传的数量增大。低门槛使得各类信息涌入平台，信息的实际意义是否存在、相同信息是否重复发布等问题无法被控制，使得平台空间资源浪费、信息驳杂。

三、网络传播的社会功能

网络传播几乎遍布我们的生活中，对社会、生活的影响更是巨大，其社会功能主要体现在以下三个方面。

（一）政治功能

网络使得执政者可以迅速将命令决策下达，并加快了高层到低层的传递速度和执行速度，同时因虚拟平台的半公开性质，使得其在一定程度上对政府执政者有了监管能力。网络传播的高速、双向性，使得高层执政者可以第一时间得知决策的执行效果以及社会反馈，方便对决策进行修改与完善。网络的公开性使得执政者可以更容易地、更真实地了解到社会的实际状况，进行调节控制。

（二）经济功能

网络的高覆盖性与互动性使得经济在网络传播中进行了发展与延伸。近几年的网购风潮、微商风潮的出现，进一步证明了网络对经济的双向促进性。同时网络游戏、网络信息、网络商品等方面的发展以及更便捷的网络购物环境等，使得网络经济逐渐成为国民经济发展的重要力量。20 世纪末开始，网络经济在世界上崭露头角：1995—1998 年，美国的互联网产业以每年 1.74 倍的速度增长，互联网产业销售收入在 1998 年达到 3014 亿美元，1999 年达到 5070 亿美元，首次超过了汽车、民航、电信等传统产业；欧洲联盟部分国家中与网络有关的经济部门所占比重也越来越大。

（三）文化功能

一方面，网络传播所创造的虚拟平台使得文化交流可以跨越空间、跨越时间在平台上进行交流，促进了文化的发展与进步；另一方面，由于平台信息的驳杂，不良信息的传播也会对文化产生不好的影响。同时，网络的高覆盖性和普及率，极有可能形成文化的垄断，甚至达到左右文化和观念的程度。网络也会造就信息爆炸，如舆论点、流言旋涡，进而对文化产生影响。可以说网络传播对文化的功能是双向的，可以促进文化的发展，也可以使文化的发展走向歧途，因此，我们对网络的监管需要进一步加强。

第四章 数字媒体文化传播与媒介

第一节 媒介与媒介类型

随着人类文明向前发展，媒介成为塑造文明自身的特定技术。这种技术的目标主要是满足人类对信息的需求。信息成为人类社会生活的基本需求，标志着人类社会已超越了单纯的物质需求层次而进入结构日趋复杂的社会发展阶段。信息进入人类社会的心理层面、组织层面、结构层面，以自身的独特优势深刻影响着人类的精神生活。艺术是凝结着人类情感的特殊信息，作用于人的感官，通过人的思维影响人的精神世界，也需要借助特定的媒介来传达。艺术家借助特定的媒介创作艺术，艺术作品成型后作为一种特殊的文本媒介传达人的情感，而艺术文本也借助特定的媒介进行传播，这都说明艺术与媒介有着天然的联系。人类的媒介技术是逐步发展起来的，媒介的演进决定着艺术的创作模式、文本模式和传播模式。那么，媒介的演进与艺术传播之间的关系究竟如何？本节将就此问题展开探讨。

一、艺术的媒介特性及其表现

"媒介"的英文单词是"medium"，意为媒体、媒介、中间物。"媒"在汉语中是指使双方发生关系的人或事物。媒介是让信息得以储存并传播从而让信息能够在人与人、人与事物、事物与事物之间流通的介质，是承载信息和传达信息的载体。

艺术家借助特定的媒介进行创作，如音乐家借助声音构成具备乐音特征的声符，画家借助颜料构成具有表现力的线条和色彩，舞蹈家借助人的肢体构成富有节奏的动作和姿态，戏剧家借助人的动作（含语言和肢体）叙述故事，等等。每门艺术的创作者都需要特定的媒介承载自己所要传达的基本信息，所以媒介也就成为艺术的表达形式，从而体现出艺术对媒介的高度依赖。这些媒介是艺术家从事艺术作品创作时直接运用的建立在物质材料基础上的表达形式，故而可被称作创作媒介。

创作媒介位居艺术家的思维和艺术作品之间。艺术家的思维具体体现在对作品的构思上，而艺术家依靠这些媒介将其构思构成特定的艺术作品。当音乐家要把自己喜悦的心情借助声音渗入音乐作品时，声音构成的具备乐音特征的声符就是媒介；当画家要借助颜料描绘一片风景时，颜料构成的线条和色彩就是媒介；当舞蹈家要借助肢体动作表达情感、叙述故事时，由肢体动作构成的动作符号就是媒介。可见，媒介位于艺术家的思维与其最终创作成的艺术作品之间。艺术家的主观情感构成艺术作品的基本信息。艺术家的主观情感及构思借助媒介被表现为让听众听到、让观众看见的具体的艺术作品，从而完成了创作活动。艺术作品的信息借助特定的构思、采用特定的媒介被艺术家融入艺术作品当中，而听众或观众从中感受这种信息内容及其表达方式的愉悦。

创作媒介首先直接体现为物质材料（如颜料、画布、发声物等）以及人的动作和表情。这些事物要成为创作媒介，必须被艺术家用来为构思和表达服务，它们在为艺术家构思和表达服务的过程中承载了艺术家主观情感的信息，并被艺术家构成特定形式的艺术作品。其次，艺术家要让这些事物承载自己的主观情感信息，也需要将其符号化，让其借助艺术构思转化成一种能够渗透其主观情感的特殊符号，而这种符号形成艺术家创作艺术作品的语言形式——艺术创作的基本语汇。物质材料及人的动作和表情是艺术家创作艺术作品的有形媒介，而被艺术家符号化的艺术语汇则是在有形媒介的基础上提炼出来的抽象媒介。所以艺术创作媒介可再细分为有形媒介和作为艺术语汇的符号化的抽象媒介。

在人类传播媒介历史上，复制技术是推动传播效益的关键技术。一件艺术作品因时间和空间的限制只能保持其唯一性并在较小的范围内传播，而复制技术则让传播媒介突破了艺术作品的唯一性和传播的时空限制，让传播效益发生质的飞跃。从本质上而言，复制技术是让事物"由一变多"的技术。例如，一件兽骨可以刻画一件原始雕刻作品，众多的兽骨则可让同一幅原始绘画刻出众多的雕刻作品，从而使一幅雕刻作品通过众多的兽骨传播开来。同样的道理，其他传播媒介也可以使一件艺术作品通过复制变成多件艺术作品。复制技术的"由一变多"让艺术获得了便捷的传播通道，也是艺术的传播媒介中最为有效的技术。

造型艺术可以借助复制技术获得便捷的传播通道，但这对表演艺术来说则显得较为困难。例如，音乐的复制就十分困难，音乐虽然可以借助同一件乐器演奏出众多的音乐作品，但由于录音技术的后起，我们永远无法准确听到录音技术发明之前人们演奏或歌唱音乐的原声。舞蹈和戏剧的复制也很困难，我们只能通过陶器或其他传播媒介的图像来理解舞蹈和戏剧作品的原貌。这便说明不同门类的艺术获得传播媒介的机遇是不平衡的，这与不同门类艺术的文本媒介有直接关系。当创作媒介诉诸视觉时，文本媒介也诉诸视觉。当文本媒介诉诸视觉时，它所借助的传播媒介也诉诸视觉，诉诸视觉的媒介因其固体特征而保存了大量视觉艺术。但诉诸听觉的艺术因录音技术的晚进而无法得以延续。所以，创作媒介决定着文本媒介，文本媒介决定着传播媒介。创作媒介、文本媒介、传播媒介发展的不平衡关系和各类媒介自身发展的不平衡关系，都决定着艺术传播的速度和范围，也决定着艺术传播的效益。

但无论如何，艺术天然的媒介特性决定了艺术的传播特性。也就是说，艺术天然就是要将其信息传达给特定受众的。我们说艺术是以情感为内涵的感性形式，那么艺术信息的特性首先就是情感，其次就是感性。情感在艺术作品中体现为内容，而感性在艺术作品中体现为艺术作品与人的感官直接接触而使人获得的知觉。所以，当音乐直接作用于人的听觉、绘画直接作用于人的视觉时，都会使艺术作品的信息借助耳朵和眼睛让人产生知觉，进而作用于人的思维，影响人的精神世界。

二、媒介在演进中丰富艺术的文本形态

创作媒介是最初介入艺术的媒介。人类创造艺术之初，主要是以自然物或人自身构成的声音、色彩、语言、表情及肢体动作来作为创作媒介的。这些创作媒介多是人力所及的，即依靠原始物质材料和原始人自身的材料作为创作媒介的。在漫长的原始社会，人类所能运用的创作媒介稀少，这也导致原始艺术创作媒介的单调特征。单调的创作媒介决定了其文本媒介和传播媒介的单一性。传播媒介的单一性直接导致艺术信息传播范围的狭窄。原始艺术主要围绕宗教仪式、战争、狩猎、交易、人口迁徙等活动途径，依靠人自身的移动进行传播。艺术信息对人自身的移动有着极强的依附性。

人类利用媒介创作艺术形成创作媒介，利用创作媒介实现自己的构思形成文本媒介，进而让文本媒介借助特定的传播媒介进入受众的视野，这是艺术利用媒介实现自身价值的三大步骤。以自然物和人自身构成的创作媒介、文本媒介和传播媒介在人类历史上持续了漫长的时间。但正是在这段漫长的时间内，因媒介自身这个时段的超稳定性，才形成了较为稳定的艺术创作形态、文本形态和传播形态。直至印刷技术的发明，艺术才逐渐改变了媒介的单一属性，丰富的艺术文本形态才得以逐步出现。

　　人类媒介的演进大约经历了六大阶段：一是口传阶段，二是文字阶段，三是印刷阶段，四是机械阶段，五是电子阶段，六是互联网阶段。每个阶段都丰富着人类艺术的文本形态。

　　在口传阶段，以人类自身的口头语言、自然物和图画符号等代表性媒介为主。艺术的创作主体多为业余身份，如口传艺人、刻画者、歌舞者、演奏者。艺术的传播主体多为原始部族成员、游吟诗人和说唱者等，而艺术的接受主体多是原始部族成员。在这个阶段，社会分工不明确，没有专业创作者和传播者，艺术以自娱自乐以及与宗教仪式相关的活动形式出现。艺术的文本形态多为人类借大脑记忆和口头表达所产生的俗语、传说、故事、神话、史诗，人类借自然物质媒介所涂刻的绘画、雕塑等，人类借人声、简单的自然物击打或吹拨及肢体所创作的音乐、舞蹈等。

　　1897年，英国剑桥大学卡文迪许实验室的约瑟夫·约翰·汤姆逊重做了赫兹的实验，并借此实验发现了电子。这项发明标志着人类技术电子时代的开启，也标志着电子媒介的出现。

　　电子媒介因其动力特征引发的"速度"和"储存"能力的飞跃，从根本上提高了媒介生产信息、存储信息、传播信息的便捷度和自由度。电子媒介为人类艺术的创作与传播找到了超越机械媒介的更加"自由"的技术依据。就传播主体而言，传播机构类型更加多样，传播速度更加快捷，大众日益走向传播领域。就接受主体而言，受众的参与机遇倍增，"互动"成为时代语言。电子媒介的出现也使艺术创作主体的力量大大增强，创作分工日益明确，也大大推动了更多艺术文本形态的产生。当艺术以电子文本的形式出现并传播时，标志着艺术文本摆脱了物质材料的束缚，进入了更加自由的空间。

　　在互联网时代，艺术的创作主体开始倍增，艺术的文本形态开始大大超越传统媒介，出现了空前的多样化特点，与传统艺术文本形态大相径庭的形态开始涌现，大众日益担当起艺术的创作主体和传播主体，艺术因便捷的"互动"机制而进入了勃兴状态。艺术因媒介的自由度而生发出体现在创作、形态、传播、接受等众多领域的高度自由特质。可以说，互联网时代已开始推动艺术从必然王国向自由王国迈进。

麦克卢汉曾提出"媒介即讯息"。他认为："所谓媒介即是讯息只不过是说：任何媒介（人的任何延伸）对个人和社会的任何影响，都是由于新的尺度而产生的；我们的任何一种延伸（或者说任何一种新的技术），都要在我们的事务中引进一种新的尺度。"媒介的这种"尺度"不断改变着人类创造文明、传播文明的思维方式和行动方式。媒介也为艺术的创作、传播和接受创造了一种新的"尺度"。在艺术领域也是一样。媒介技术每前进一步，艺术的创作方式、传播方式、接受方式都会发生巨大的变化，艺术文本也将随着媒介"尺度"作用的发挥而出现众多新的形态。20世纪下半叶以来出现的众多新的艺术思潮，都与因媒介技术的飞速演进而促使新的艺术文本形态的出现密切相关。

三、媒介演进对艺术传播模式的影响

媒介的演进不仅丰富着艺术文本，而且使众多的艺术文本以更多的传播通道渗透进人们的社会生活并广泛传播，从而影响着艺术传播模式的多样化。

媒介的演进目标是传播更加快捷、精准，范围更大，深入性更强，储存量更大。这种目标涉及媒介演进的逻辑，那就是不断加快媒介的传播速度，不断增加媒介的储存量。媒介传播的目标是接受群体——受众，所以传播速度的加快、精度的提升、范围的扩大、深度的增加、储存量的加大都与受众的需求密切相关。

受众是在社会中生存的，而社会是由人与人之间的关系构成的。人与人之间关系的构成受符合人类本性的各种信息的支配，所以受众对信息的需求是天然的，也是必然的。换句话说，由于物质生活和精神生活的需求，受众必然需要创造、接受和使用相关的信息。但就受众的信息接收而言，也需要成本，这种成本集中体现在时间成本、物质成本和能力成本三大方面：时间成本体现在接受的速度上，物质成本体现在受众可以承担的对于媒介和信息使用的购买力上，能力成本体现在受众使用接收媒介所要花费的技能训练上。这三大成本都是受众要付出的。美国传播学家威尔伯·施拉姆在其《传播学概论》一书中指出："人的行为总是倾向于流入最省力的路径。"

可能的报偿是指受众获得信息的速度和品质，而费力的程度包括受众的时间、物质和能力成本。可能的报偿越多、费力的程度越小，就越能促进受众对传播路径的选择。传播媒介是受众获取信息的关键路径，所以现代媒介技术总体上都在速度、精度、范围、深度四大方面发展，也都在力图减少受众对传播路径的选择要付出的各类成本。艺术的传播媒介也都围绕这个宗旨来从技术和组织上进行努力，从而形成特定的传播技术和传播模式。

就技术而言，与传统传播媒介相比较，现代传播媒介的最大特点就是便捷。现代传播媒介首先为受众节省能力成本，也就是说，受众不需要花费太多的时间和精力进行训练就会使用现代媒介达到自己的目的。从相机的"傻瓜化"到手机兼顾拍照、编辑、播放、传输功能的出现，都预示着现代传播媒介努力在为受众节省能力成本。其次，现代传播媒介为受众节省时间成本，使受众不用花费太多的时间就能及时接触到传播媒介。广播、电视、计算机、手机、互联网等现代媒介在当下已触手可及，受众只要愿意就可随时接触到传播媒介。尤其是智能手机这种几乎成为人体一部分的贴身媒介，集成了大量功能和信息通道，可随时作用于人的感官，让受众与媒介连为一体。最后，现代传播媒介为受众节省物质成本。现代传播媒介的价格越来越趋于低廉化，成为多数受众都购买得起的媒介设备。中国互联网协会发布的《中国互联网发展趋势报告2020》显示，截至2019年年底，中国移动互联网用户规模达13.19亿，占全球网民总规模的32.17%。这说明绝大多数中国人都可以用得上移动互联网这种传播媒介。

由单向传播跃入多向传播是媒介演进出现质的飞跃的结果。这个界限的标志是以互联网和移动互联网为代表的传播媒介的兴起及其所引发的一系列媒介技术变革的出现。随着媒介的继续演进，艺术传播的模式还将发生变化。

总之，艺术先天的媒介特性决定了艺术的传播基质，而媒介的演进决定着艺术的创作媒介、文本媒介和传播媒介的变化，决定着艺术文本形态的不断丰富，也决定着艺术创作主体、传播主体、接受主体角色的变化。这些变化对于丰富艺术创作、扩大艺术传播范围、增强艺术的影响力都有着不可忽视的作用。人类媒介的演进仍在向前发展，更加智能化的媒介技术已经出现或正在出现，媒介技术的进步也将使艺术的创作、传播和接受发生更加意想不到的变化，需要艺术理论界的密切关注。

第二节　媒介理论

1964年，麦克卢汉的《理解媒介》一书问世。该著作是新闻传播学领域的经典著作，对艺术研究也有着重要启发。此后，对中世纪艺术的研究开始了对"艺术与媒介"关系的思考，即从媒介的视角来阐释早期跨媒介艺术。在当下的传媒研究语境中，"跨媒介"直指信息在不同媒介之间的交流与互动，它带来媒介的融合并加速了媒介的一体化进程。在对中世纪艺术基于"跨媒介"视角的相关研究中，麦克卢汉的"媒介是人的延伸"理论成为重要箴言，并被深刻低运用于对中世纪艺术的理论研究中。那么，要想理解大众媒介产生之前的中世纪媒介或跨媒介艺术，以及人文研究领域对跨媒介艺术——中世纪民谣和罗马教堂基于媒介理论视角的研究，就需要全面梳理与深入探究艺术媒介与跨媒介艺术之间的关联以及媒介理论与中世纪媒介研究的内在渊源。

一、中世纪艺术媒介与跨媒介艺术

以"媒介"的思路和视角来重新审视中世纪跨媒介艺术，中世纪与媒介相关的研究由此展开。首先，如何理解中世纪媒介的问题？中世纪媒介包括哪些内容？在中世纪媒介研究中，民谣、宗教颂歌、写作及书籍、教堂建筑、圣像、唱诗班等都被称作媒介；麦克卢汉理论的"泛媒介论"倾向得到发扬。从"媒介是人的延伸"到"教堂是人的延伸"，我们仍然可以窥见该研究深受麦克卢汉媒介思想的影响。对当代大众来说，"媒介"概念已然比较容易理解。比如，作为视觉媒介的宗教圣像与壁画、作为文字媒介的宗教书籍以及作为音乐媒介的中世纪民谣等。对于"大众媒介"概念尚未诞生的中世纪，如何从"艺术与媒介"之间关系的视角来更好地理解中世纪民谣和罗马教堂，中世纪媒介研究提供了一种解析方式。

伴随着媒介技术的演进，媒介与艺术的关系不断呈现新变化。从某种角度来说，媒介理论的发展离不开不断审视动态发展中的艺术及其新现象。"艺术媒介"是指艺术家在艺术创作中通过物质性材料，将艺术构思融入具有独创性的艺术品的符号体系；从广义上来说，歌谣、绘画、影视戏剧和新媒体等都是艺术的不同媒介形式与具象化实体，是艺术形态得以确立和发展的基础，从物质性媒介到精神性媒介，艺术思维与理念，甚至与艺术呈现形态相关联的社会文化观念都蕴含其中。

从媒介材料的发展视角来讲，人类艺术的演进被归为天然媒介时期、人工媒介时期和数字媒介时期。天然媒介时期的媒介取材于自然界，如动植物；人工媒介时期，人的审美意识逐渐融入物质性媒介材料，媒介活动获得质的飞跃与提升；在数字媒介时期，人的感性与理性在新媒介的技术与艺术融合中继续生长。艺术可在不同形态的媒介中生长和发展。纵观对跨媒介艺术的研究，其重点在视觉传播和视觉文化研究领域。从当下来看，这一研究主要集中于影视戏剧艺术和媒体艺术研究。可以说，在不同的媒介技术时期，艺术的呈现形态也体现着阶段性与差异化的媒介思维与理念，并随着技术的变迁呈现出不同的媒介艺术景观。从古代到现代，艺术的发展总是体现着与社会文化的高度交融。关于艺术的未来，有研究者认为其是一种具有合流趋势的媒介间性，也就是具有综合性、包纳性和跨越性的总体艺术。

伴随着媒介技术的发展，跨媒介艺术的技术属性也逐渐被凸显出来。新媒体艺术是数字媒介技术与艺术的高度融合，艺术形态与艺术体验都由此不断向前延展。伴随着数字技术的发展，技术生产创造着虚拟空间和视觉图景，视觉艺术与美学思维孕育其中，也更新着人的视知觉体验，甚至营造和拓展着人感官的多重感知。新媒体技术与艺术形式相结合，融合艺术活动的想象与沉浸特性。虚拟艺术不仅营造虚拟现实世界，甚至模拟人的观感、意识与认知。因而，古往今来，艺术媒介由于其吸纳不同媒介（指介质，非指大众媒介）元素的综合性与包纳性，它本质上就是媒介与艺术共融共生的跨媒介艺术，后文的探讨也将基于这一理论。

二、麦克卢汉媒介理论与中世纪跨媒介艺术研究

中世纪民谣作为早期跨媒介艺术形式，通常被理解为教会时期非基督徒的亚文化，在当时它体现着一定的世俗性。中世纪民谣在罗马教堂传唱，

神圣的"教堂"和世俗的"民谣"在同一空间场域中逐步交融合一，民谣与传唱民谣的环境成了有机统一体。在对中世纪民谣功能的进一步探究中，媒介理论开始发挥重要作用。媒介理论与早期跨媒介艺术的关联，主要体现在麦克卢汉媒介理论对早期跨媒介艺术研究的启发意义：正是在麦克卢汉"媒介即讯息""媒介是人的延伸"等理论的启发和支持下，对中世纪艺术的研究开始关注"媒介"的"传递""运输""桥梁"等含义在教堂空间内部的体现。罗马式教堂内部可被描述为一种综合性媒介，内有具有象征性的建筑和圣像等，通过融合四种形式——物质的、感知的、时空的、符号的，在同一教堂之内，产生着神圣经验，创造着无以言表的感知。

瑞典林奈大学语言与文学学院人类学和社会学系的西格德·凯文德鲁普曾在《"大众媒介"产生之前的"媒介"：中世纪民谣和罗马教堂》一文中以麦克卢汉媒介理论为基础，对早期宗教场所的民谣、歌舞等跨媒介艺术进行了研究。在中世纪，教堂成为神圣与世俗相交织的场域，作为世俗艺术的中世纪民谣逐渐产生并在教堂内演出，民谣发挥着媒介的作用，承担着人类世界与天堂之间信息的传递功能。面对通常将民谣描述为中世纪欧洲艺术形式的做法，西格德·凯文德鲁普将民谣理解为跨媒介的艺术，关注到艺术的"跨媒介"特质。而关于将其视为跨媒介艺术的原因，主要基于以下理解：在中世纪，大多数艺术形式都作为跨媒介形式而产生，且与大众直接接触，由艺术家们集体演出。在大教堂内部，融合着多种不同媒介和形式，形成宏伟的完整统一体，因其在同一时刻向大众传播讯息，且并不仅限于口头语言，因而被视作早期大众媒介。相关研究从媒介理论出发，对既相互融合又存有边界的民谣、教堂等艺术媒介进行了较为深入的剖析。

中世纪媒介研究中的"跨媒介"概念及视角与当下传播研究中的"跨媒介"概念之间存在关联。在当下传播研究中，"跨媒介"最直观的理解是信息在不同媒介之间的交流与互动，是媒介之间的交融与共生，因而"跨媒介"势必与"媒介融合"及"媒介间性"概念存在着深刻的内在关联。在对早期跨媒介艺术的研究中，"跨媒介"的提法即是基于"媒介融合"与"媒介间性"作用的相互交织。从早期中世纪跨媒介艺术的相关研究来看，"媒介融合"与"媒介间性"之间的联系并非新现象，但对其未来发展走向的研究还比较新。张玲玲在《媒介间性理论：理解媒介融合的另一个维度》中分析了"媒介间性"概念在传播学领域形成的新内涵。"媒介融合"强调技术视野下的媒介共性，而"媒介间性"强调文化视野下的媒介边界，二者共同作用于现代传播体系。可以说，从"媒介是人体延伸"这一基本概念的建立，到跨媒介艺术形式背后所蕴含的"媒介融合"与"媒介间性"交替作用，是中世纪媒介研究的主轴。

麦克卢汉所建立的"媒介"概念影响深远，也给传统人文研究带来冲击。对于麦克卢汉的文章及其观点，媒介理论研究者们颇有微词，但也在一定程度上肯定了其价值。首先，《理解媒介》提供了一个普遍性的关于将"媒介"定义为"人体的延伸"的概念，它延伸着人类的身心感知能力。由此，麦克卢汉从根本上建立了其关于"媒介"的概念，且"人体的延伸"并不仅限于书、绘画、收音机、其他电子媒体，还包括车轮、房屋、桥梁等。其次，他提供了一种充满启发性的观点："媒介即讯息"，这使得崇尚"内容才是讯息"的传统人文主义者深感受到威胁。对此，麦克卢汉从"媒介对个人和社会造成的后果"这一视角进行了解释，认为任何新技术都带来了新延伸，而新延伸也带来了新标尺。回溯近年来媒介技术的发展，麦克卢汉的媒介理论已在历经诸多争议之后，成为既定准则。对信息的媒介传播来说，以何种渠道和方式传播也有着显著不同。所有新"人体的延伸"（媒介）都会给人们带来新的信息、新的大众阶层和新的可能性，以及文化中的彻底改变，且已变为"地球村"的一部分。总体而言，作为信息传播方式的媒介因其不同特质，也在无形中改变着信息本身。

三、从精神性媒介到物质性媒介

麦克卢汉的理论为中世纪媒介研究提供了值得借鉴的思路,比如,将"写作"描述为一种媒介。语音字母在中世纪的再次传播,对当时的欧洲从部落社会到封建制的转变非常必要,因为其建立于被大众普遍接受的准则之上。从 19 世纪开始,欧洲便产生了大量关于"通用规则"的手稿,然而在当时,手稿的产生并非应公众启蒙之需,而是作为神圣的象征,以支持显赫人物的权威。权威人士运用写作这种媒介去建立通用准则,借此形成以广义封建法则为基础的社会秩序。在这里,作为媒介的"写作"成为一种建立社会通用法则的重要途径。

对中世纪艺术的视觉媒介研究也同样会关注艺术的"跨媒介"特性。在罗马时期,教堂正厅主要由风格化的神圣绘画装饰,视觉媒介的符号特征鲜明地体现于当时的教堂绘画作品中。带着教导性意图,这些绘画成为一种新媒介,它们将人类生活描述为美好与污秽、美德与邪恶之间的永恒斗争,而且视觉媒介以不同方式进行组合,配有诸多文本,以解释图片的含义。

第三节 新媒介与文化传播

文化自信是人们对传统和主流文化的信任和坚守、对文化内涵和价值观念的肯定和信仰。媒介的文化传播是文化传承、发展与创新的过程,而新媒介在促进多元文化传播的同时,使受众面临"难以抉择"和文化价值观念重构或异化的困境。为此,要培养受众的文化自信,增强其对传统和主流文化的认知与信任,使其养成对多元文化包容的态度,提升其对外来文化吸收借鉴的能力和文化使命感，并最终实现新媒介文化传播的健康发展。

党的十八大报告提出的"树立高度的文化自觉和文化自信"具有重要意义。"文化自觉"是对文化应有"自知之明"，对文化发展规律的把握和使命担当。"文化自信"宏观上指"一个国家、一个民族、一个政党对自身文化价值的充分肯定，对自身文化生命力的坚定信念"。

媒介是文化的载体和传播的重要渠道。Web2.0时代，新媒介的广泛应用和其建构的"自由""平等"的传播环境，革命性地颠覆了人们的生活方式和存在状态，使多元文化的接触和融合成为可能。"人的数字化生存"生产了大量消遣、娱乐、恶搞信息，挤占了人们的媒介使用时间，而失去了学习优秀文化的时间，使受众面对新媒介的多元文化时"难以抉择"。因此，要使受众具有学习和运用优秀文化及吸收借鉴外来文化的能力、传承与创新文化的使命感，必须认清新媒介的文化传播功能，辨析文化传播现状，才能最终实现受众的文化自信。

一、媒介的文化传播功能和作用

媒介是文化传播的重要渠道。历史上的文化传播主要依赖于人口流动、迁徙，而当代社会由于交通、传播科技的发展，创新了多样化的文化传播媒介。文字符号出现之前，人类依靠口耳相传，文化形态呈现碎片化且不宜被保存，而文字的出现使得这一时期的文化得以延续和发展至今；纸质媒介的发展和印刷术的改革拓展了文化边界和文化传播区域；电子媒介颠覆了文化的表现形式和传播模式。纵观传播发展史，新媒介在其产生和应用的特定时期都带来了文化的变革。多伦多学派哈罗德·伊尼斯指出的"一种新媒体的长处，将导致一种新文明的产生"，就是在说媒介在传播文化的同时创新和影响着文化的表现形式和传播模式，文化与新媒介的结合是对文化新的符号化和重塑过程。后继学者麦克卢汉认为，媒介是人的延伸，是当代社会最具有创造活力的文化形态；媒介即文化，媒介传播即文化传播。媒介与文化传播之间的关系，主要表现为以下三种形式：

首先是媒介的文化传承功能。文化传承是文化的继承与发展，是传统文化与现代社会结合之后的文化再生产。媒介的文化传承体现了文化的历史性与社会性结合。媒介具有传播传统优秀文化的义务。大众传播时期提出的社会功能理论认为，媒介有"教育社会成员，传播文化知识、社会道德规范和价值观念"的功能，不同国家、不同时期、不同形态的媒介结合自身传播特征，展示着一个民族、国家、地区的优秀文化，也是现代社会人们了解和学习传统文化的重要渠道。

其次是媒介文化传播促进文化发展。文化发展是一个极其宏观和复杂的概念，从媒介的文化传播现状分析，融汇了不同形式和内涵的媒介文化传播活动，不断影响着人们的文化思想和社会文化结构，展现了文化的核心价值观念和社会效用。文化发展建立在文化传承的基础上，如一个中国传统的哲学观点，不仅要学习它的核心思想、了解它提出的历史和社会背景及它对人和社会的意义，还要结合现代社会的客观环境及人的价值目标进行新的阐释。

最后是媒介传播过程中的文化创新。媒介文化传播过程中的传承与发展，都包含着文化创新。文化创新源自人的社会实践。传统文化根植于传统社会，是历史上人们认识世界、改造世界的思想与实践的总结，而要指导现代社会实践活动就必须进行文化创新。同时，科技发展与社会制度变革使人们认识世界的方法与理论具有明显的时代性。随着传播技术的日新月异，文化表述形式的变革也拓展了人们认识世界的方法，文化创新也体现在媒介技术的发展过程中。

媒介的文化传播过程包含文化的传承与发展，而创新始终伴随整个传播过程。媒介技术变革与新媒介的广泛应用不断优化着文化传播环境，而媒介新的传播特征必然建构文化传播的新平台。

二、新媒介的文化传播现状

Web2.0 时代的新媒介发展建立在数字技术、网络技术、移动通信技术和多媒体技术的基础上，以微博、微信和社交网络等为代表的新媒介文化传播建构了"平等""自由"的传播环境与文化传播的新平台，传、受主体的交互与多元文化"对话"创新了文化融合与发展的新途径。然而新媒介的文化传播也面临诸多困境：多元文化共存是否带来受众辨析与选择的困难，文化价值观念差异与传授主体的参与是否导致文化接触与融合过程中的文化异化，边缘文化与外来文化的共享是否削弱了受众对优秀文化的认知和信任，等等。要解决这些问题，需要我们客观地审视新媒介的文化传播现状。

（一）文化传播新平台的建构

与大众媒介和传统互联网媒介相比，新媒介所呈现的诸如微博、微信和社交网站等媒介形态，建构了人们"自由"表达和获取信息的平台。人们在转发、评论、互动的过程中完成信息创作，具有了传播者和接受者双重身份，使得传播者与受众拥有了"平等"的话语权。"自由""平等"的传播环境与主体交互的常态化，颠覆了大众媒介的直线传播模式，突破了意识形态限制，而传统文化与外来文化、主流文化与边缘文化、精英文化与草根文化之间的"对话"搭建了文化"狂欢"的舞台和"观点的自由市场"，拓宽了受众对文化的选择空间。

文化融合是"不同文化通过接触相互适应、渗透、吸收与调和，达到交融并形成新的文化"。新媒介传、受主体的交互过程促进了文化的交流，而多样化的媒介形态丰富了文化的表现形式和传播模式。新媒介文化传播如同一场饕餮盛宴，人们既可以分享激情慷慨的诗词、欣赏清新唯美的图画，也可以学习传统文化的精髓，追求现代感性认知。因此，新媒介文化传播是人们接受、传播各种文化并在分享、交流、互动中实现多元文化相互接触、碰撞、融合的过程。

（二）新媒介的文化传播困境

新媒介在建构文化传播新平台的同时，也产生了受众面对多元文化难以抉择、文化融合过程中核心价值观念的遗失，以及文化的异化导致受众对优秀文化认知、信任和传承使命感的削弱等困境。

新媒介传授、受主体的交互过程促进了多元文化的接触与融合。海德格尔后期思想与哈贝马斯的交往理论都强调了主体间的关系是一种对话、交往的关系，建立在这种关系上的自我中心的主体性逐步削弱，继而成为一种主体间相互吸收、相互作用的联系，而人的交往又必然存在于客观世界。因此，主体的交互与客观生活背景的联系成为建立"共通的意义空间"和融合文化的前提。新媒介文化传播主体的差异和现实生活背景是客观存在。为建立"共通"，主体的交互有可能导致文化融合过程中核心价值观念的重构或遗失，甚至文化精神的泯灭。同时，文化的表现形式和传播模式的创新过程，含有商业侵蚀和技术内化的可能，导致文化指向传播效果的差异和文化异化，难以辨别文化的真正内涵和价值取向，继而削弱受众的文化认同，成为文化消费者。

三、培养受众的文化自信

新媒介是培养受众文化自信的重要平台。文化传播应该实现受众对传统文化与主流文化的认知与信任，形成对多元文化包容的态度，培养对外来文化吸收借鉴的能力和文化使命感，即受众文化自信。

传统文化根植于中国社会发展历程，是中华民族共同创造的文明结晶，"这是历史留给我们最宝贵的财富，为我们提供了文化自信的历史源泉"。主流文化是一个时期内社会主导的、在社会生产和交往过程中具有指导性作用的文化。中国当代社会的主流文化，即中国特色社会主义文化，是中国人民文化自信价值观念的核心。人的全面发展要有一种文化思想的支撑，即文化认同，否则"一个人的行为在总体上就很难是合理的，而很可能是非理性的和混乱的"。因此，增强受众对传统文化和主流文化的认知，是新媒介传播培养受众科学理性价值观念、实现文化自信的首要任务。同时，结合新媒介传播特征，文化的表现形式、传播模式和途径都要进行自适性调整，"返本开新"，客观对待受众媒介使用习惯，尊重受众审美和传播需要，在多元文化共享的新媒介环境下扩大影响力和感召力。需要注意的是，文化与新媒介结合不是对文化价值观念的否定和颠覆，甚至异化，而是要实现文化的增殖与受众的文化自信。

新媒介自由、平等的传播环境建构了多元文化的言论场，而文化之间的接触、碰撞与融合为受众提供了多样化的文化选择。然而文化之间存在差异，文化内容、形式、价值观念的区别导向不同的发展方向。文化自信不是文化的故步自封，也不是受众对文化内容、形式传播的循规蹈矩。文化自有思想观念和审美的优势，传统与现代、主流与边缘、精英与草根，包容的态度是文化精神完全展现的前提，也是受众文化自信的体现。接受一种文化内容而不否定另一种文化表现形式，信任一种文化价值观念也不排斥另一种文化审美，文化自信就是要有包容文化差异性、尊重不同文化优势的态度。但包容的态度不是受众对一切文化和形式的肯定，对那些阻碍人的健康发展、与时代潮流和社会规律相悖（如封建迷信和黄、赌、毒等）文化，应该进行批判和反思。

　　培养受众的文化自信，不仅是培养对传统文化和主流文化的认知及对多元文化包容的态度，还要培养受众对外来文化吸收借鉴的能力。新媒介极强的开放性融合了来自不同地区、不同领域的形式各异的文化，而这些文化都有其存在的价值和传播特质，或在生活上提供视听娱乐、工作上提供技术指导，或在学习上提供创作灵感、思想上提供广域视角。发掘不同文化从形式到内涵的优势，辩证地分析文化差异，既丰富和发展了受众自身文化体系，也在不断地学习和扬弃过程中坚定了文化信仰，而受众对外来文化吸收借鉴的能力也在循环往复的传播中得到提升。

　　同时，受众的文化自信还体现在受众的文化使命感上，即受众对文化传承与发展的忧患意识和创新文化的责任感。文化使命感"不仅是理论形态的，它更强调与看重的是实际的落实"。主体交互常态化提升了受众参与传播的能动性，获得传播自主权。文化使命感的落实体现在文化传播过程中的选择与创新，以及主体交互中对传统和主流文化的信任与信心。

第五章　数字媒体的创意艺术

第一节　数字电影的创意

一、数字电影的发展

（一）数字电影的定义

根据中国国家广播电视总局印发的《数字电影管理暂行规定》《数字电影技术要求（暂行）》中的定义，数字电影是指以数字技术和设备摄制、制作、存储的故事片、纪录片、美术片、专题片及体育、文艺节目和广告等，通过卫星、光纤、磁盘、光盘等物理媒体传送，将符合技术要求的数字信号还原成影像与声音，放映在银幕上的影视作品。从电影制作工艺、制作方式到发行、传播方式上的全面数字化，可视为完整意义上的数字电影。

数字电影与传统电影最大的区别是不再以胶片为载体、以拷贝为发行方式，而换之以数字文件形式发行，或通过网络、卫星直接传送到影院、家庭等终端用户。数字化电影技术进入微观世界，它将图像分解为最小的单元——像素，然后再重新组合，以改变或者重建某一部分的影像和情景，创造出一般摄影方法根本拍不出的扣人心弦的镜头，在创作上几乎达到随心所欲的境地。

（二）数字电影的优点

在数字领域，我们可以没有衰减地进行复制，保证每一个拷贝都是原始素材的完美克隆。相对于胶片，我们可以更加轻松地改变画面的形状和色彩，而且精度更高。同时，我们还可以无缝地组合摄影素材和计算机生成画面。通过采用加密和有条件接收技术，数字电影具备了强大的防盗版能力。我们可以通过非物理媒介的方式来传送数字电影，无须专门生产电影拷贝。此外，数字技术能营造出完美的虚拟空间和各种匪夷所思的景象，而这些都是普通电影制作手段无法实现的。

数字电影最大限度地解决了电影制作和发行过程中的磨损问题，数字技术避免了传统电影胶片经过多次翻制及电影放映多次后出现的画面、声带划伤。数字电影即使反复放映也丝毫不影响音画质量。制作好的数字电影可以通过数字软盘进行发行，或通过国际卫星发送到世界各地的影院放映，省去了费时、费力的拷贝复制和运输过程。

数字化电影技术极大地拓展了艺术家的创作思维，拓宽了他们的创作天地，给亟待崛起的电影产业注入了新的活力，促进了电影产业中新兴职业的出现。一批具有新思维的艺术创作人员，如数字电影软件设计师、电脑美术设计师、视觉效果设计师等将在21世纪的电影舞台上大展身手。

二、数字电影创意的构成及实现

（一）电影不只是特技

毫无疑问，比起传统电影，数字电影"好看"多了，画面语言更丰富，表现效果更好，许多存在于想象和梦境中的场面被"复活"了，富有刺激性和冲击力的画面及震撼人心的音响效果增强了故事情节的真实性，同时也强化了对观众的感染力。享受的快意并不意味着放弃对未来的追问，在一次次地经受震撼和冲击之后，观众也会不由得疑从中来：既然电脑具有如此神通广大的能力，它会不会包办电影的一切，从此制作电影将不再需要演技，甚至演员？

毋庸置疑，电影是一门表演艺术，演员通过自身对剧本和角色的理解来讲述故事、传达情感。电影的情感来源于演员的情感。表演有非常大的能动性，它因演员的文化素养、艺术感悟和表现力的不同而显示出表演技艺的高低。电脑不是人，它不会表演，作为人类智慧的产物，它不可能超越人所具有的有无限潜能的智能，更不能取代人的情感。电脑技术本身算不上表演艺术，充其量只能是表现，表现制作者的意志和情感。电影《泰坦尼克号》的电脑技术成就的宏大壮观的海难场面可能会让观众叹为观止，但它绝对不能征服观众的心灵，只有贯穿其中的忠贞爱情和在危难面前表现出来的动人的人性之光，才会让观众的心灵受到深深的震撼和感染。表演的真实所带来的巨大魅力也是电脑制作所无法替代的。电脑可以制作出演员达不到的惊险动作，但它再惊险也只是机器的产物。而演员所能达到的惊险程度每增加一分，便是人类对自身极限的一次超越，它体现了一种征服精神，只有它才能激起观众发自内心的赞许与喝彩，这也是成龙的打斗片历经数十年仍长盛不衰的原因。

时下，电脑"当家"的影片红极一时，这是由电影的商业属性所决定的。但随着现代文明的发展和人类审美水准的提高，人们坐在电影院里希望得到的将不仅是一次纯粹的娱乐之旅，还将提出对精神层次的需求——人们希望看到能震撼心灵的作品。

电影作为一门艺术，其魅力还在于它的思想性。电影担负的一个重要使命就是全方位、多视角地审视人类自身的生存状态，发掘人性的内涵，讴歌生命的意义和与自然抗争的精神，展现对未来的思考与期盼。这一使命使电影具有了独特的审美功能和认识功能。

依靠先进的艺术和技术手段，电影创造了一个又一个视觉奇观，但过多过滥而又缺乏新意的神奇场面逐渐让观众失去了视觉新鲜感，电影脱离了现实的基础，缺乏感动观众的"王牌"。另外，数字特技由于其惊世骇俗的魔力导致自身在电影中过度膨胀，严重压缩了如叙事、人物性格塑造、情感表现等传统电影元素的表现空间，造成了电影止于数字特技、止于影像奇观的状况。数字特技无法单独支撑起电影，它只有在与电影的其他组成元素充分磨合、互融并成为电影艺术的一个组成部分时才有意义。

（二）永恒的故事

有人认为，人天生是故事的讲述者，故事使人的经验得以一贯和连续，并在与他人的交往中发挥核心作用。人人都喜欢听故事，人人都需要故事，因为故事里蕴含了人生的经历、情感、幻想、观念、思想等五光十色而又包罗万象的内容，人们从中得以认识、体悟、思考。听故事、看故事是人们的思维和情感得以延伸的重要方式。叙事过程本身是反思、认同、获得意义，从而达到内心世界改变的过程，它具有表达意义的深刻性、情感的丰富性、对人的内心世界的强烈冲击性。

目前市场上运用数字技术制作的、具有强烈视听冲击力的电影作品越来越多，但并不是所有高投入、大制作的影片都能受到观众的青睐，并不是高投入就一定会有高收益。观众并不傻，他们不缺乏审美能力和判断力，只有技术没有内容的影片并不能让他们买账，"技术是关键，故事是核心"，只有能打动人心的故事才能得到高额回报。

故事伴随人类走过了漫长的岁月，在电影里，故事也已经讲述了上百年。故事的原型并不多，怎样才能不断地把故事常讲常新，这是一个令人头痛的问题。现在不断有电影在翻拍以前的作品，不断有电影续集出现，其实，这正说明了故事面临创新难题。故事从哪里来呢？从历史中、现实中和未来中来。

童话是动画片的素材库，而经典文学名著是电影的改编库，此外，民间传说、神话故事、流行小说、历史人物、科幻小说、新闻事件、社会热点问题等都是电影选材的途径。时代在变，讲述故事的方式、角度也得变，这就需要创作者能把握住时代脉搏，了解社会的变迁、人心的变动，了解艺术表现的日新月异。当然，创作者还必须比观众的想象力超前一步，才可能带给观众惊喜。

一部儿童魔幻影片竟然一上映就创造了世界票房纪录，它为何如此火爆？它成功的诀窍是什么？为什么它能如此深地抓住观众的心呢？

《哈利·波特》没有用流于简单化的高科技伎俩来震撼观众，只是着意于叙述一个故事，并认真、细致地来创造、完善它的人物角色，使每个形象都羽翼丰满、有血有肉。就像《绿野仙踪》《指环王》一样，它不仅是一部电影，还是拥有自己的魔法规则的完整世界，它最大限度填补了观众想象力的空缺。

《哈利·波特》这部片子表面上看是一部充满幻想的给孩子看的故事，但其底层基石还是符合人性的。这部片子最终还是将想象力、童话故事和人们心底的东西印在一起了。就这部片子而言，人情味、幻想力是它的核心。相信很多成年人在内心深处都是非常喜欢童话的，相对于成年社会的价值体系，童年时代的孩子没有更多价值化的东西，非常单纯。人在儿童时代的价值观的确是最自然、不加矫饰的，这或许就是《哈利·波特》老少咸宜的原因。

第二节 影视广告的创意

一、影视广告创意的基本原则

创意是广告人对广告创作对象进行想象、加工、组合和创造，使商品潜在的现实美（它的良好的性能、品格、包装、服务等）升华为消费者能感受到的具象。它能抓住消费者的注意力，使之产生兴趣，最后说服消费者采取购买行动。

成功的广告创意在于它的想象力和独创性，具有鼓吹的力量，能使人幻想，而又有积极的说服力和感染力，敢于独辟蹊径，不同凡响。使观众在一瞬间发出惊叹，立即明白商品的优点，而且永不忘记——这就是创意的真正效果。

（一）关注原则

广告创意要能引起观众、听众的注意。贝尔（泰德·贝尔——李奥贝纳广告公司美国地区总裁兼创意总监）认为，广告的目的不是炫耀你有多么机智、多么聪明，而是以能引起受众注意、合情合理而且能够帮助销售的方式传播产品或服务所具有的优点，给受众一个消费理由。

给贝尔留下深刻印象的一则广告是这样的：广告所呈现的是两个窗口，通过一个窗口看到的是从云层上俯瞰到的云朵，云朵下面是一行字："花599美元所看到的景色"；另一个窗口所呈现的是连绵的小山和落日映照下的小村庄，窗子下面是一行字："花79美元所看到的景色"，广告底下只有"Amtmk"（全美铁路客运公司）的字样和几句正文。

贝尔认为，"创造惊奇和新鲜感就是创意的诀窍""必须在情感上吸引人，必须为他们提供信息，并使他们以一种新的方式看待你所说的东西"。

（二）理解原则

广告创意要将新颖、独特当作生命，否则就不会有感召力和影响力，但广告的新颖和独特不能超越消费者的理解力。一位在广告界很有影响力的前辈说过这样一个观点：广告就是叫卖。话好像很俗，但说得很有道理。广告是一门商业艺术，但不少创作者常常只记住了它艺术的一面，而忘了它的最终目的是要向消费者推销产品。如今广告界很流行为广告作品评奖，但专业人士是用纯艺术的眼光来看广告，不会考虑到它的商业效益，免不了出现脱离群众的情况。

绝大多数消费者并不具备相应的专业知识，因此在广告传播中必须要做到深入浅出、通俗易懂，但这也绝对不意味着广告就应该粗俗不堪。一则好的广告应该是针对目标消费者的，根据他们的理解力、兴趣爱好和心理需求来设置广告的表现形式，应该具有如下特点：定位准确、诉求单一；具有可识别性——为了不在铺天盖地的广告浪潮中被淹没，就必须使广告具有明显地区别于其他同类产品的独特之处，能够让目标消费者一眼就能发觉，并牢记在心里。

（三）印象原则

广告要给消费者留下美好的、深刻的印象。广告创意要以情趣、生动为依据，将观众带进一个妙趣横生、难以忘怀、印象深刻、浮想联翩的艺术境界中去，但要立足于真实。

广告实际上是在做目标消费者的思想工作，而做思想工作，苦口婆心并不一定奏效，有时刺激一下对方，反而会使对方感到震撼，从而收到效果。广告往往采用夸张的手法来给予消费者刺激，因为适当的艺术渲染和夸张更能突出产品的特征与个性，击中消费者的心。

影视广告是视听语言的表现，主要是刺激人的感性部分，若刺激得不好，会使人产生强烈的抗拒，适得其反，这就要求影视广告要恰到好处地把握视听语言的分寸感。对于太平实、太理性、缺乏娱乐性的广告，观众不爱看，过火的夸张、渲染又显得虚假、浅薄，让人反感。广告的真实性并不排除艺术渲染、夸张，但广告要避免产生误导和欺骗。广告应始终以"善"为本。

（四）促销原则

创意的最终目的是让消费者对商品产生强烈的购买欲望，进而完成购买行为。

广告是实现销售的手段，由于立场和关注点不同，广告代理商常指责广告创意者过多地专注于非商业因素，过度在乎是否能获创意奖、娱乐创新奖等奖项。

广告的思维方式其实很简单，只需要明确下面三个问题：

一是"什么"。广告需要达到什么效果？需要培养市场吗？假设我们处于领先地位，需要在市场拓展中获取最大份额吗？是否一定要挑战比自己强大的品牌，努力从其控制的市场份额中分一杯羹？

二是"谁"。我们的目标群体是谁？我们能否让现有的用户群体购买更多或更频繁地购买我们的商品呢？我们是否必须争取让没有使用过我们产品的人来消费产品呢？

三是"如何"。我们如何来做呢？是否要有一个真正独一无二的销售方案呢？是否必须销售这个品牌呢？如果是的话，怎么做呢？

以百事可乐和可口可乐的竞争为例。

百事可乐努力争取品牌份额、消费者和独一无二的销售方案。可口可乐也着力拓展市场，在开拓整个可乐市场的过程中增加销售量，让现有消费群体增加消费量："不要自己一人独享可口可乐，与你的朋友分享吧""我愿意给全世界的人都买一瓶可口可乐"。

广告需要的是巧妙的思维、通俗的措辞。

（五）简洁原则

广告创意要以简洁、直接的想法取胜。要想在喧嚣的世界中引人注意，必须永远保持简单、简单再简单。

广告中蕴含的信息量越多，真正能够发掘出广告主旨的人就越少。简单法则是针对广告创意中内容啰嗦、文字冗长的错误做法提出的。说服固执己见的人，必须运用精练的语言，将其具有说服力的内容高度简单化。当然，简单不是指内容表述的长短，而是要求将内容简洁化、语言精练化。

简单就是运用尽可能少的元素传递新思想，如此简洁才有力、简单才能打动人。广告宣传是一种信息交流的活动。广告创意者必须明白，如何介绍一种产品和广告的创意才会真正激发人们的购买欲。简单就是要求在具有创意的基础上，做到广告内容客观属实。

巴西广告业的重要行业原则是，内容简单明了且不幼稚愚昧，客观属实，同时营造一种意境，通俗而不庸俗。广告创意应简单明了，含义显而易见，语句短小精悍，整体高度浓缩。对于电视节目本身，观众大概平均每三分钟换一个台，更不用提其间插入的广告了，恐怕有一些人看到广告就会去厕所或者转而做其他事情，或者干脆换台。有研究结果表明，一位消费者平均每天留下记忆的广告条数是 1.79 条，而 18.8% 的消费者几乎记不得任何广告，能够记住 1~3 条广告的人累计为 46.6%。选择性注意原则认为，尽管大部分消费者每天都被大量的信息和刺激包围，但是他们会忽略大部分收到的信息，而只是注意其中很少的一部分。

因此，电视广告要简单，表现手法也要与其他电视节目有鲜明的差异性，即便类似产品的诉求都是同样的内容，谁采用不同手法表述出来，谁就可能会被消费者优先认同并记忆。例如，同样诉求去污力强，雕牌洗洁精诉求"让盘子唱歌的洗洁精"，便一下子被消费者记住了，印象还很深刻。

二、影视广告的基本要素及构成

影视广告是最完美、最具表现力的广告类型，它通过图像、声音等多种表达元素同时刺激人的视觉和听觉器官来完成信息的传递过程，因为独具综合性的传播功能，所以最能打动受众的心。

形声兼备、可视性强的影视广告具有极强的冲击力和娱乐性，能够以一种生动活泼、易于理解的方式将产品复杂的内涵深入浅出地诠释出来，能够在受众中形成最大的影响力。电视广告没有文化水准的限制，各个社会阶层、不同年龄层次都能观看，因此受众广泛。从购买力角度来说，电视受众的消费能力更强。

（一）影视广告的基本要素

图像（画面）、声音（包括人声、音乐和音响）、时间是影视广告借以表现广告信息的三大要素。广告制作要素的组合方式对决定消费者的哪一种心理过程应该加强、哪些应该弱化是非常重要的。

图像，即呈现在电影、电视屏幕上的影像，它是具体、动态的景物形状与颜色的影像，是摄像机或摄影机拍摄下来，再通过电影、电视还原的一种幻象。声音是影视广告表现的另一个重要因素，是各种声音信息的再现。声音与图像配合，向观众提供丰富的信息，具有很强的表现力和真实感。影视广告的主要特征是将所有传达的信息存放在时间的流程中，若离开了时间因素，信息就无法被传达。

在影视广告中，时间有三层含义：一是指广告的实际长度；二是指影视广告的表现时间；三是指影视广告给观众的心理感受时间。视觉和听觉这两个要素也是通过时间来构成变化和节奏的。

广告的实际长度是创作中的重要因素，它会直接影响到广告的效果。我们需要相对少的时间去"看"和"处理"熟悉的事情，包括商业广告。15秒广告被单独用于低介入程度的观众群体时，几乎不会起任何作用，也就是说15秒商业广告在单独运用时不具备穿透干扰的能力。15秒广告的主要功能是速成灌输，也就是对一个已知的品牌或信息进行强化加固，它传递的是那些已经被观众看到过，并且内在印象较为深刻的信息，否则它起不到任何信息传递作用。

如果广告收看对象不是高介入程度的目标观众，或广告信息不具备简单的视觉效果，则不要使用独立播出的15秒商业广告，应该首先用30秒、45秒或60秒广告在人们的头脑中占据一定位置，然后再考虑将15秒商业广告作为一种补充和提示；还可以考虑运用续集手段，在同一广告播出时段内以30秒商业广告开头，并在该广告播出时段结束前以15秒商业广告收尾。

但一个主题突出，无论在视觉上还是语言表达上都很简单（简明扼要）、真诚的15秒广告是有可能成功的。

（二）影视广告的组成部分

1.影视广告主题

影视广告主题就是一条影视广告所要传达的核心信息，也就是影视广告要"说什么"。主题像一条线贯穿在整个广告之中，它使影视广告的各个要素有机、和谐地组成完整的广告作品。同时，主题也是广告表现的基础，具有支持整个影视广告的力量。美国一个广告专家说，所谓主题，是可以作为基本或中心的创意，以此创意为核心，组织影视广告的素材。影视广告主题要求准确、鲜明、独特、统一、易懂、易记。

2. 影视广告画面

影视广告画面指影视广告中每一个广告摄影构图，它既是单个镜头图像和瞬间图像的名称，也是整个影视广告图像的名称。影视广告画面由反映图像的电信号发送出来，诉诸观众的视觉。影视广告画面有具体、鲜明、准确、写实、动作连续、蒙太奇组接等特征。画面的构图和造型是一种学问。最佳的影视广告画面既能给观众视觉上的享受，又能对广告产品产生最佳的表现作用。

影视广告的画面又可分为不同的镜头。镜头是影视广告作品基本的表意单元，它既有以二维平面表现三维立体的空间特性，又具有影像连续运动的时间特性。

影视广告镜头可根据不同的标准进行分类。

（1）根据画框内表现出的视域范围，影视广告镜头可分为远景镜头、全景镜头、中景镜头、近景镜头、特写镜头。不同的镜头形式由于展示的空间范围不同，在广告表现时具有不同的功能。

（2）根据摄影机和被摄体的角度，影视广告镜头可分为仰角镜头、俯角镜头、平视镜头、顶角镜头等。角度不同的镜头由于具有不同的透视效果和构图形式，因此具有不同的艺术表现力。

（3）根据摄影机的运动情况，影视广告镜头可分为固定镜头、摇镜头、移镜头、推拉镜头及变焦距镜头。运动镜头使画面更为生动、丰富，能增强视觉动感，有助于形成富于表现力的艺术节奏与气氛。

不同类型的镜头在影视广告中会给消费者不同的感受，因此，要根据影视广告的诉求重点，从整体出发，综合运用各种镜头的组合，以达到预期的广告效果。

3. 影视广告字幕

影视广告字幕即影视广告画面上显示的文字，它可以叠印在画面上，也可以出现在单色的衬底上。影视广告字幕主要用来扩大表意范围，对广告画面起说明、补充、强调、概括等作用。

根据不同的制作方式，影视广告的字幕又可以分为以下几种：

（1）拍摄字幕：拍摄字幕是用摄像机对手写的字幕进行拍摄。这种方法获得的是静态字幕。

（2）特技字幕：特技字幕是用电子特技机制作的字幕。这种字幕可以表现出二维运动的形式，如扩大、缩小、移动等。

（3）电脑字幕：电脑字幕是用电脑字幕机或计算机动画机制作的字幕。这种字幕可以表现出五维立体的运动形式。

屏幕上的字幕要求文字规范、语言精练、简洁醒目，并应注意使字幕在画面中的位置适当、富有变化，成为画面构图的有机组成部分。

4. 广告词

广告词也被叫作广告主题句、广告中心词、广告中心用语、广告标语等。它是企业和团体为了加深受众对企业、商品或服务等的一贯印象，在广告中长期反复使用的一两句简明扼要的、口号性的、表现商品特性或企业理念的句子。广告词基于企业长远的销售利益，向消费者传达长期不变的观念的重要渠道。

广告词应该信息单一、内涵丰富，并且要朗朗上口、简单易记。广告词的运用是为了更快、更好、更有效地达到广而告之的效果，它应该使用诗词般精练、简洁的词句。好的广告词是高度浓缩的精华、艺术的结晶，极富内涵、爆炸力、煽动力和感染力，能给人以艺术的、美的享受，甚至给人以奋发向上的力量，是广告宣传中强有力的武器。

当广告词和音乐联系在一起时，音乐在某种程度上将干巴巴、刺耳的广告词磨合得圆润了。青少年尤其对以抒情诗和音乐来进行交流情有独钟。

第三节　网络广告的创意

10 多年来，网络广告一直是互联网经济中最重要的商业模式之一，其收入目前仍然是各门户网站最重要的经济支撑点。

业内专家认为，尽管主要门户网站目前的主要收入排名为无限增值业务、网络广告、搜索付费及其他业务，但由于排在第一位的无限增值业务市场已出现调整趋势，而网络广告和搜索付费却在国内显现出了极高的增长价值，因而网络广告和搜索引擎实际上已担起了国内门户网站未来盈利的重担。毫无疑问，网络正在成为继报纸、广播、电视之后的最重要的媒体。

与此同时，网络游戏也玩出了在线广告价值，在网络游戏中加入广告已被提上议事日程。高科技市场研究机构 STAT/MDR 的最新报告中说，在网络游戏中引入广告模式能够大大促进网络产业的发展。有分析家表示，昂贵的价格抑制了在线游戏的发展，在线游戏一小时的花费在一美元左右，而看一个小时的电视仅为 13 美分。因此，广告模式的引入将大大地降低消费者在网络游戏上的开支，就像当初在电视节目中引入商业广告一样，一旦更多的用户加入网络游戏阵营，企业用户就会开始购买广告，而更多的广告收入将被用来降低游戏成本，两者相辅相成。

一些评论人员预测，未来将是一个广告无效的时代，因为一对一媒介的兴起会促进互动的、为个人量身定做的个性化广告的发展。也有评论人员认为，新技术可能将许多传统的广告技巧融入网络媒体，运用在线电视、频道网站、动画及视频链接等手段建立一个更引人入胜、互动性更强的广告环境。

一、互联网的属性和传播特点

（一）正确认识互联网

目前，有很多企业在网络上发布的广告与在传统媒体上发布的广告没有什么区别，起不到多大作用。这主要是因为人们对网络的认识存在偏差，还在用惯性思维思考问题。自传统媒体发现网络的价值以来，网络就一直被称为"第四媒体"。但是，随着网络实践的加深，仅仅从媒体的角度来看网络似乎是不够的，网络媒体不等于传统媒体的网络版。

首先，网络是一种计算机网络。网络的关系存在于计算机及其他相应的设备之间，存在于连接这些设备的技术之间。看上去，这与媒体利用网络的问题似乎没有直接联系，但其实这是理解网络对传统媒体影响的一个重要方面。同时，这些变化会体现在传统媒体与网络的关系上。

其次，网络是一种人与人之间的媒体。从这个角度看，过去我们更多关注的是信息与人的关系。但是，应该注意到，人们对信息的利用不是简单的单一层次的需求，它实际上是复杂的。人们通过传统媒体获取信息后的交流是有限的，而网络上的交流无论从速度、广度还是深度上来看，都要比传统媒体强。网络技术与信息改变了人与人之间的关系。

最后，网络是一种属于网络成员的虚拟空间。网络空间是虚拟的，但虚拟空间里的信息传播很丰富、很实在。网络空间的成员都是社区的一部分。"定制信息"等个性化服务，在提供更有针对性服务的基础上，能使用户得到更大的满足。更重要的是，网络是一种商业平台。网络作为商业平台的潜质已经越来越多地表现出来，网络经济也成为最热门的话题之一。因此，广告主必须明确网络所具备的强大功能，认识到网络广告的丰富表现力，要充分利用网络的优势来传达广告信息，让消费者接受充足的商品信息，以便依据它来做决定。

（二）互联网的传播特点

1. 传播范围广

国际互联网的优势之一就是全球传播，不论在世界的哪个角落，只要计算机连入网络，就可以将信息传送给他人，或是获取他人的信息。商家只需在互联网上花极少的广告费用，就可以将产品面向全球宣传；设计师也可以通过网络与远在天边的异国同行交流设计心得。

2. 信息资源丰富

有上网经验的人都有这种体会，即当你在网上冲浪的时候，会真切地感受到互联网这个信息海洋的广博无边，信息资源几乎无所不包，且类型丰富多样，如学术信息、商业信息、政府信息、个人信息等，给用户提供了较大的信息选择空间。

3. 形态多样化

因为网络支持多媒体技术，所以在视觉传达的手段上丰富多样。多媒体技术是将传统的、相互分离的各种信息传播形式（如语言、文字、声音、图像等）有机地融合在一起，进行各种信息的处理、传输和显示。这样，视觉传达设计的表现手段和表现范围就得到了扩展。未来的视觉传达设计是综合性的，涵盖了人类全部感官的全面设计，这已经超越了现有视觉传达设计的概念。

二、网络广告的特点和创意法则

（一）网络广告的特点

1. 交互性

世界著名的广告代理、DDB 的创始人，同时也是广告"执行理论"的首创者威廉·伯恩巴克曾说："读者为何要看你的广告？他们有权不看……广告实际上是一种侵犯。人们没有必要喜欢它，可能的话可以避开它。"的确，传统的广告，无论是电视、广播、印刷品、路牌还是霓虹灯，其信息流向都是由发送者推向目标受众，具有明显的强势灌输性。在这个信息交流过程中，受众是广告寻找的猎物，而广告是被强行推给受众的。网络广告则不同，交互性可以说是网络广告最为重要的特点。在网络条件下，由于即时互动的特征，网络作为媒体的特征更加淡化，从而带来一种更直接的沟通，因此，依附于网络的网络广告自然也具有交互性这种关键特质，使它从本质上区别于具有强势推向性的传统广告。读者对广告的注意和点击是出于对广告的兴趣，只需轻轻地移动鼠标就可感知和体验到产品和服务，只有你感兴趣才会去点击，而不像传统广告那样是强迫式阅读。

网络广告最根本的特性在于它的互动性，而互动性的重心应在于互动信息的传递，而不是传统广告的印象创建与"说服"。网络广告的主要作用应是能根据顾客的需要提供相应的有用的信息。这是由网络本身的起源——信息共享的特点所决定的。

在这里，人们更多感受到的是一种人性化的沟通，而不是令人生厌的强行推销。

2. 广泛性和灵活性

传统广告受制于有限的时间与空间，很难详细表达其诉求，而网络广告的空间及数字媒体创意艺术似乎是无限的，且成本低廉，这也是由网络的特性所决定的。作为一种新型的媒体，网络既有人际传播的特点，又有大众传播的广泛性特点，它甚至可以超越时间和空间限制，使全球范围的交往成为可能。因此，网络广告的传播范围远远大于传统广告。Internet 可以把网络广告传播到互联网所覆盖的 150 多个国家和地区的所有目标受众中。相比之下，传统广告往往局限于一个地区或者几个国家。

广泛性的另一个含义实际上还包含了网络的信息空间大，可以对不同层次的受众进行有效覆盖。因为有这个便利条件，公司可以根据消费者对信息需求的不同而相应裁剪信息的内容，使之更好地满足每一位来访者的不同需求，从而在类别上扩大受众的范围。

除了空间上的广泛性外，对网络广告而言，时间上更有着传统媒体所无法比拟的灵活性。时间这个概念对消费者来说至关重要，要使顾客舍得在你的广告上花时间，就必须增加网络广告的价值，使之对浏览者的经验和知识产生一个积极的增长作用，而不能像传统广告那样只要留有印象就行了。如果是传统广告在赶跑你的顾客，或者要更改广告诉求信息和诉求主题，那你的时间和金钱的代价就高了，几乎意味着失败。

3. 信息量大

网络广告要以丰富、翔实的商品分类信息为主。网上商品分类广告以丰富的产品信息为主，因为它面对的是真正的消费者，而这部分人会理智和冷静地选择商品。因此，商品介绍（包括售后服务和质量承诺）越丰富，特点、性能、功能、规格、技术指标和价格介绍越翔实，就越能吸引消费者。同时，大信息量也为满足消费者的个性化需求打下了基础。

（二）网络广告的创意法则

1. 明了法则

如果有人问："网页里，哪一个是可以点击的标幅广告？"如果是网络"老手"，会立刻指出："这就是。"但对初次接触网络的生手，就搞不清了。即使是判断力很强的人，也不一定知道点开哪个地方会连着信息。那让它醒目些不就行了吗？这也不能一概而论，尤其是那种利用电光显示的广告，它们并没有给人留下好印象。试想，如果在想要看的信息边上，与此无关的亮光闪个不停，有谁会不感到厌烦呢？而那些没有抬头名称的标幅广告，也会让人敬而远之。点击方便的标幅广告应该是一目了然并使人产生兴趣的。

2. 简洁法则

页面上的标幅广告并不是只有一家，而是几家公司并列在一起的，这样必然应该想到能够比别家更醒目的方法。但用图片、冲浪网页制作成的亮丽广告会使页面显得累赘，如这一页弄得抢眼夺目，其他页访问者就不太会去看了。如果某个标幅的形式给访问者的感觉是老套没有新意，那访问者对未见到的标幅广告内容也不会感兴趣。

3. 变化法则

单个网络广告的生命力极其短暂，别因为你的创意很好就一直使用它。在传统媒体上，一个广告可以用上一年，甚至更长，这是大众传播的特性所决定的，可是在网络上千万不能图省事。因此，网络广告的创意一定要常变常新。

网络是高新技术的象征，所以网络广告也必须有像样的表现形式。况且网络技术还有很多待开发和提高的地方。现有的广告形式不是全部，如果广告使用的形式老套，访问量肯定会下降，广告的点击效果就不会很好。因为网民已经熟悉这种广告方式，所以采用浮动广告能够给人新鲜感，广告的形式也能突出产品的个性。

有新技术、新创意还不够，如果仅止于此，只能打打知名度，而网络广告的长处远不在此。广告内容经常更新才可能吸引回头客。在传统媒体上做广告，只要受众会看，也就完成了绝大部分广告的任务，而在网络上，这仅仅是开始。

三、网络广告的主要形式

由于充分利用了互联网的两大优势——电子邮件和网络媒介本身，因此网络广告的形式多种多样。比如，基于电子邮件的网络广告就有直接电子邮件广告、邮件列表广告及新闻讨论组广告等，而基于网络媒介的网络广告则包含网幅广告、文字链接广告、弹出式广告等。

（一）大尺寸广告

大尺寸网络广告不仅在形状、大小上引人注目，其表达的信息内容也比过去的小广告更多。这不但可以让消费者了解更多产品及服务的内容，而且能更清楚地传递信息。由于有了更大的表现空间，网络广告的设计效果也提升了一个台阶。

目前，大部分大广告都采用 Flash 制作，广告图像高度清晰，并可以有声音、游戏等效果，给消费者留下更加深刻的印象。因此，网民也逐渐适应了这一新的广告形式，广告效果也得到了网民的认可。

（二）网络视频广告

2003 年，互动通公司推出的 iCast 网络视频广告得到了很多广告主和媒体的认同，主流的网络媒体如新浪、网易、21CN 等都纷纷签约，播放这种类似于电视广告效果的带声音、播放比较流畅的网络视频广告。网络视频广告的表现形式多种多样。采用微软的在线视频播放器 Windows8 Media Player，不仅能在网络上播放与电视上一模一样的商业广告，还可以将全屏广告下载到 IE 网页浏览器上，等到用户翻阅网页时播放广告。美国电讯公司 AT&T、麦当劳和百事可乐公司都在进行这种在线广告的试验。该广告格式有一个关闭按钮，因此那些不喜欢弹出式广告和其他网络广告的用户能关闭广告，同时网站也能控制广告的播放时间、位置和频率，以便更好地达到与网民的良性互动。

Jupiter Research 公司近期的调查结果表明，观看在线视频广告的观众和电视广告的观众数量越来越接近。随着宽带的普及和应用，视频广告形式会得到更多的发展机会。宽带的发展和普及无疑为互联网媒体广告的发展扫清了障碍。

（三）网络游戏广告

游戏和广告在不断创造奇迹的互联网上被巧妙地结合起来，从而形成了一种以游戏为传播载体的网络广告新形式——网络游戏广告。网络游戏广告的出现，正是利用了人们天生对游戏的爱好心理，从而以游戏为载体来进行广告宣传，并借此吸引消费者。相对于许多网络广告硬推式的宣传模式，网络游戏广告魅力十足的娱乐性使它可以引起消费者的自发关注和参与，吸引消费者主动寻找广告游戏来玩。而且在这一过程中，消费者对广告不会产生抵触和反感情绪，可以达到一种理想的广告传播效果。

业界认为，网络游戏广告通常有两种形式。一种是仅仅把产品或品牌信息嵌入游戏环境中去，使游戏在含有广告信息的环境中进行。一旦广告游戏的内容和主题与广告信息能产生直接或内在的联系时，这种形式的游戏广告就能有效地引起消费者对产品的联想，从而潜移默化地加强品牌宣传效果。

另一种游戏广告的形式是把产品或与此相关的信息作为进行游戏必不可少的工具或手段来使用，在游戏中，广告信息本身就是游戏的内容，以此来加强消费者对品牌的认知和记忆。这种游戏广告形式可以使广告信息得到最大化和最多次数的曝光，因此也是目前游戏广告中最常用的形式之一。

可以预见，随着全球游戏市场的繁荣发展和广告主对游戏广告优越性的认识，游戏广告作为一个非常有前途的互动广告的新方向，必将在互动营销中扮演越来越重要的角色。互动广告的本质就在于受众对广告有相当大的控制权，接受什么样的广告、接受什么样的信息取决于受众的偏好，而且受众对信息有充分的选择和修改的权利。互动广告的出现正是对侵犯性广告完全不考虑受众心理做法的弥补和修正，是在"受众本位"思想下网络广告优势的回归。

第六章　现代数字媒体艺术设计

第一节　数字平面设计

在所有的设计行业中，平面设计最易受到数字媒体艺术的影响，与建筑学、影视艺术不同，它没有较强的理论结构，更趋向于实用主义。平面设计主要是通过图形和文字来传达信息，在二维空间内从事艺术设计活动，内容包括数码暗房处理、广告招贴设计、字体设计、书籍装帧设计、标志设计、企业形象设计等。在信息时代，平面设计的内容还包括网页设计和多媒体界面设计的部分内容。

数字设备和软件利用现代科技的便捷性，使设计师对思维转换的不确定性得到了最大的发挥，成为对创意思维进行形象化表现的利器。这些软件不仅有着统一的优势——跨平台特性、统一友好的用户界面、强大的图形操作处理能力、对多格式的文件的支持、完善的文字排版功能、广泛的兼容性，而且都有各自的特点，减少了流程的重复性劳动，从而使设计师的灵感得到最大化的发挥。

一、数字平面设计的基础

（一）数字平面设计概述

1.数字平面设计的概念

"设计"是由英文的"design"发展而来的，它源自拉丁语的"desinare"，是"为……做记号"的意思。16世纪，意大利文"desegno"开始有现在的"设计"的含义，后经由法文的中介而为英文所引用。在英文中"design"有以下解释：

A.设计，制订计划。

B.描绘草图，逐渐完成精美图案或作品。

C.对一定目的的预定与配合。

D.计划、企划。

E.意图。

F.用图章、图记来表达与承认事件。

在以上解释中，A、B两项与设计专业的定义最接近。而"设计"在中文里的直接引用，是在日文里以汉字翻译"design"得来的。日文在翻译"design"时，也曾用"意匠""图案""构成""造型"等汉字词汇来表示。"意匠"即指"意念加工"的意思；"图案"则相对于"文案"，指以图做说明，后来泛指能达成具有表达意义的图形生产。如果从西方设计的发展来看，在现代设计兴起之前，设计不只等于建筑，也等于艺术。特别是西方艺术史与皇家艺术教育学院的课程里，从文艺复兴开始，慢慢地形成以建筑专业技艺为首，并结合绘画专业技艺与雕塑专业技艺的传承，三者合称为造型艺术，也称为设计。我们从这个角度就比较容易了解设计就是具有美感、使用与纪念功能的造型活动或营造活动的定义与解释了。

平面设计就是平面视觉传达设计，它是设计者借助一定的工具、材料，将不同的构成元素按照一定的规则在平面上组合成图案。平面设计主要在二维空间内以轮廓线划分图与地之间的界限，描绘形象。而平面设计所表现的立体空间感，并非实在的三维空间，而仅仅是图形对人的视觉引导作用所形成的幻觉空间。作为一种视觉艺术语言，平面设计所关切的是一般原理、规则、概念，而这些原理、规则、概念存在于设计的构成里。

数字平面设计就是利用平面设计的基本要素，遵从一定的美学规律，借助计算机图像处理的手段，塑造和编辑出不同的设计形象，并把它们有机地组合到一起，以达到传播信息、进行审美表达的目的。在进行数字平面设计之前，首先要确定组成平面作品的元素，这基本上是由策划和制作脚本决定的；然后根据创意灵活运用和处理这些元素，形成视觉形象。实际上，任何一幅平面设计作品都是通过对诸如版面的构成设计、色彩的构成设计及文字的编排设计等内容单独或综合运用而得到的结果。

2. 数字平面设计的特点

平面设计作品的成功，既取决于设计者对造型设计表达语言的运用及自身文化素养的积累，也取决于设计造型手段、工具与媒介，还受到当前社会环境与观众视觉、心理、感情上的影响。总体来看，平面设计制作的过程就是创意、构思、构成、编排设计与制作的过程。相比传统的平面设计，数字平面设计具有以下特点：

（1）形象塑造手段与效果的变化

回顾以前，传统平面设计制作过程的各个工序基本上是相互独立的，主要由设计者考虑到顾客的委托要求，进行创意、设计，然后绘制出黑白或彩色原稿，并注明工艺要求，交制作部门（如印刷厂）制作。这一过程的显著特点是：依靠人工的笔、原料及照相机等其他简单的工具，手工完成。

数字平面设计系统展现在我们面前的是一个诱人的创作天地，其成品是艺术与计算机数字技术相结合的产物。现代平面设计植根于计算机系统所具有的强大的图文生成、处理和变化功能之上，是设计者在计算机屏幕上进行创意设计、制作的过程，这不但方便了制作，更为实现创意、捕捉转瞬即逝的意念、产生鬼斧神工般的奇妙效果提供了极大的便利条件。创意为设计之本，而想象是艺术创作的重要手段。创意的非真实性——"怪诞离奇"能给人带来极强的视觉冲击力和视觉新感受。计算机可利用图像合成效果，在形象素材有限的情况下进行多种形体的组合和转换，完成借喻、象征、对比等创作手法，使作者的创意得到充分的发挥。

（2）平面设计作品表现方式的不同

传统平面设计呈现成品的媒体少而且单调，更改或再版都不容易，限制了平面设计的应用范围。

数字平面设计在制作、设计、更改、变化时都很方便。在设计与印刷的整个过程中，设计者可先将图像素材（扫描）输入计算机或利用图库调用资料，再配合标志与文字进行设计创作，通过打印出来的说服力极强的高品质彩色稿与客户沟通，也可用方便的处理软件进行修改。数字平面设计在制作过程中具有图文调整灵活、误差概率极低的特点，并在印制过程前已完成了标色、分色工作，无须设计者凭经验揣测标色，并随时能预视制作效果，即成稿能做到"所见即所得"。

数字平面设计具体呈现成品的媒体应用范围相当广泛，可以是照片、透明胶片、印刷品、光盘或磁盘等多种形式。无论是几毫米的精细媒体，还是几十米长的大型灯箱和路牌，一台小小的计算机就游刃有余。

（3）设计观念与组织形式的变化

传统平面设计受市场不发达和设计制作手段、工具单调等因素的制约，形成了以"小群体、多环节、大协作"的生产方式进行创意设计制作的形式。今天的平面设计软件界面越来越人性化、合理化，使得每位美术专业人员都能通过短时间的学习掌握它。许多大专院校也开设了数字设计课程，计算机设计系统已成为每一位设计者可望且可即的新工具。一大批个人设计工作室、自由职业设计师和电脑美术设计师相继出现，这极大地推动了国内平面设计制作的发展。

（二）平面构图设计

1.平面构成的视觉元素

平面构成是一切视觉传达设计的基础，通过点、线、面在平面上排列组合的构成训练，来传达形式美的法则，供人们审美。"构成"是一种造型概念，也是现代设计的用语，含有"组合"的意思，它是指将不同的基本图形按照一定的规律在平面上组成新的形象，在二维空间范围内表现形象。平面构成是一种理性的艺术活动，它探求二维空间视觉的表现方法，强调形态之间的比例、平衡、对比、节奏等规律，研究如何创造形象、怎样处理形象与形象之间的联系、各种元素构成的规律与规律的突破，如何掌握美的形式规律，从而设计出既严谨又有无穷变化的视觉新图形。

平面构成作为造型训练的一种手法，打破了传统美术设计的图像描写手法，从抽象形态入手，加强对造型意识的训练，力求通过抽象形象体现形式美的法则，培养设计者对图形的敏感性和创造性，同时反映现代生活的审美情趣。我们可以将平面构成分成几个视觉元素进行分析、研究。

（1）概念元素

概念元素实际上是不存在、不可见，但在人们意念中能够感觉到的东西。比如，我们会感觉到物体的棱角上有点，物体的边缘有线，物体的外表有面，而物体则存在于空间中，等等。平面设计中不同空间的划分与密度对比，可以非常方便地形成视觉注目区域。使用图像软件可产生不同肌理或质感的"面"，并以此表现不同对象的视觉形象和心理知觉。

（2）视觉元素

把概念元素点、线、面呈现于画面，必须通过具体形象的形状、大小、色彩、肌理才能体现出来，成为人们视觉中的形象。而形状、大小、色彩、肌理就是视觉元素，它是设计中最主要的部分。

（3）关系元素

视觉元素在画面上排列组合是由关系元素决定的。关系元素包括方向、位置、空间、重心等。

2.构图的形式规律

平面设计构图最初是从绘画构图演变而来的。早期的平面设计，就构图形式而言，可以明显地看出其单纯遵循绘画构图的形式法则，只关心画面的美学价值，不重视构图视觉传达效果的特点，常被称作"经营位置""形象化的表现""解决形象与空间的关系"。显然，构图的任务和目的单纯是创造美的形式，这是不符合现代设计功能第一原则的。平面设计不是供欣赏玩味的艺术品，其旨在迅速、准确地传达特定的视觉信息，传达的效果已变成第一位。

现代平面视觉传达设计，就其全过程而言，大体可以分为两个阶段，即思想化阶段和视觉化阶段。在思想化阶段，要进行关于设计目标、设计背景、设计方法等多方面的构想，从而产生明确的设计创意，这一过程叫作构思；在视觉化阶段，则是将创意通过文字和图形的处理转换成可观的图像信息，这一过程被称为构图。

构成是容易被视觉和心理所接受的构图形式，前人已总结出了一些规律即形式法则，如变化统一、对称平衡、节奏韵律、比例权衡、对比调和等。应用这些法则，可以使构图产生美感，增强可读性。

（1）平衡

在构图中，平衡是指画面空间中各部分的视觉量感在互相调节中形成的相对静止状态。不同的形态、色彩、质感在视觉和心理上会形成不同的重量感觉。在构图处理中使构图要素形成安定状态，就可以产生平衡、稳定、庄重、肃穆的美感。

平衡有两种状态：一种是等形等量的同一平衡，另一种是异形异量的变化平衡。同一平衡又可分为轴对称平衡和中心对称平衡，形成视觉量感的非对称结构；变化平衡的画面富于变化、灵活生动，具体可以分为变化比例平衡和变化距离平衡。

（2）秩序

构图中的秩序是指画面中的形态按一定的规律组织起来，形成一种在视觉和心理上产生美感的有条理状态。改变形态或改变组织规律，会构成千差万别的有秩序的形式。同一形态可以构成同一秩序和渐变秩序，而不同的形态可以构成变化秩序。

同一秩序也叫重复和反复，是指同一形态要素或不同形态要素组成的同一单元，按一定组织规律重复排列所形成的有规律、有节奏的形式。

渐变秩序是指同一形态在重复组织时，按一定的规律逐渐变化自身形象或组织规律，形成视觉上微妙的渐变效果，如由小渐大、由弱渐强、由明渐暗等。渐变秩序变化柔和、节奏平稳，具有一定的动感和韵律。变化秩序是指不同的形态按同一规律或渐变规律重复组织所形成的秩序，也叫律动。变化秩序由于形态差异构成的对比反复出现，呈现强烈的韵律感，形式较同一秩序和渐变秩序更加生动活泼。

（3）调和

调和又称和谐，在构图中是指形态之间的相互协调的关系。调和可以分为类似调和和对比调和两种类型。

类似调和也叫关系调和，是指两种或两种以上的形态在形状上存在差异，构图时将形态中构成相同或类似的部分组织在一起。对比调和是将不同的形态组织在一起，形态之间存在对比，在构成时，通过调整，如适当改变一下它们的形状、大小或位置，削弱对比的强度，构成既保持适度的对比又能互相协调的形式。对比调和给人生动、活泼、明快的美感，视觉冲击力较强。

二、数字绘画艺术

21世纪的美术正面临诸多变革，无论是从媒介材料、创作方式还是从视觉语言、思维观念等方面都将发生重大转变。不过，引发这场变革的根本原因并非来自美术自身，而是来自基于计算机技术的数字化潮流。许多艺术家一旦领略过数字艺术的神奇魅力，就会产生一种相见恨晚的感觉，从此便成了数字绘画的迷恋者，如沉睡之后的惊醒，突然迎来个霞光夺目的晨曦，顿觉神清气爽、天地开阔，发现一个新世纪的新天地。从建筑设计、室内设计、工业产品设计、书籍装帧设计、商业包装、海报招贴、POP等平面的静态画面，到动画制作、影视广告、电影特技直至电子游戏的三维动态画面，以及从雕塑、版画、壁画到水彩、油画，无不体现着数字艺术的巨大魅力和强大生命力。

（一）走向数字的绘画艺术

当人们使用某种工具并以自身的主观性、创造性渗入美的创造之中时，美才脱离了自然的属性而进入社会领域。在技术面前，艺术始终是艺术家使用一定的工具进行创作的过程。在一定意义上可以说，工具材料语言决定了我们如何表达思维。不同的语言结构反映到思维方式当中，其结果自然也不相同，所以一定的语言结构对应着一定的思维方式。

信息时代的到来，数字应用技术的出现、成熟，给我们带来传统思维难以企及的表现形式。计算机强大的数据传输、处理能力，以及Wacom数位板、painter 等工具和绘图软件的产生和使用，使绘画从用手和笔创作的阶段进入将手、鼠标、压感笔等多种方式综合运用的工作阶段，简化了传统创作的繁杂工序，如纸张、颜料、画具等。由于计算机的精确度，在创作过程中对色彩的判断除直接用肉眼观察显示器外，还可在特定的色彩模式下，用具体的数字来判断描述，达到准确及标准化的效果。传统绘画创作的连续性使我们要极其注意每一个过程的制作，任何一个过程的失误往往都意味着你的工作必须重新开始。传统以手绘为核心的技法依赖于纸、笔、颜料等实存的"物质"工具，而计算机技法则代之以笔墨的"工具概念"，非物质实存本身。计算机技法运用虚拟的概念而非物质的实存本身进行表现，这是表现技法语言上的转换。

数字技术发展到今天，大到影视特技效果制作，小到个人数字图像处理，早已是左右逢源、进退有据，而应用电脑数字处理出具有个性化的数字绘画，实际上也并不是什么令人费解的难题。

数字绘画是指以计算机为平台，利用绘图软件、多媒体技术、网络技术等合成制作，具有独立的审美价值的一种新兴的绘画形式。计算机绘画的载体已不再是传统的笔、墨、纸、画布、颜料等，而是借助于电子技术、数字技术和网络技术等高新技术的数字媒体。一方面，计算机绘画是传统绘画在艺术形式上的极大发展，它源自传统绘画，不可能脱离传统绘画的滋养；另一方面，计算机绘画因为载体、制作形式的变化，具有新的特点，同时具备一些新的、特殊的技术要求。

（二）数字绘画的产生与发展

在计算机发展史上，1965 年被看作计算机图形艺术诞生的一年，德国及美国等地的科学家举办了第一次计算机图形艺术展。在此之前，1963 年，美国学者伊凡·苏泽兰在麻省理工学院完成了题为"画板：一个人机通信的图形系统"的博士论文，其交互式计算机绘图的构想奠定了后来计算机图形技术诞生及发展的基本思路。"画板"是一个实时的交互式绘图系统。画家通过"光笔"、鼠标等工具，可以直接和计算机屏幕进行互动式交流。这个理论构想的意义极为深远，对于人类如何能够简单而轻松地通过视觉形式来表述他们的思想和情感，计算机如何识别画家的绘画"意识"、准确定位笔触的丰富变化乃至学会掌握每位画家的创作风格具有重大意义。

从1965年至今，计算机图形技术已走过50多年的发展历程，从最初的学术研究与军事应用的小圈子发展成为今天在艺术、教育、科研、产业等方面均十分活跃的领域，并渗透现实生活的方方面面。只是在早些时候，受计算机软硬件技术的限制，加上昂贵的费用、复杂的程序操作知识等因素，最初的数字图形艺术创作作品的艺术性并无多大实用价值。在仿真模拟传统绘画创作环境方面，虽然主观上一直强调发挥画家的主观能动作用，但计算机只是在生成几何图形或编辑处理数字化的图像时才显示出强大的威力，具体创作是程式化的，整个创作过程是单向的、被动的，而那种随意生发的自由创作状态是极其有限的，画家使用计算机来进行绘画创作的层面和范围都是非常狭窄的，这还谈不上是真正的数字绘画创作。数字绘画的技术前提和科技背景是数字图形技术的迅猛发展和高性能通用型计算机的普及。

我国的计算机绘画是从20世纪80年代开始的。之后国内的艺术院校纷纷开设了电脑美术课程，各种级别的电脑画展、电脑绘画比赛如雨后春笋般举行。计算机软件从色彩、构图到表现所能达到的高度和广度是人脑无法比拟的，它突破了绘画二维平面、静止的局限，可以制作三维绘画，包括进行绘画过程的记录和演示、动态图像、三维图像、三维动画、虚拟生活空间等，改变了艺术家的绘画艺术观念。

对这个"全新的时代"，不同的人自然会有不同的理解。数字绘画的发生与发展，不仅是一种新的表现形式，它还代表着一种全新的艺术观念。相对于传统绘画创作形式，数字绘画提供了一个数字化艺术创作环境。在传统绘画创作中，画家在确定了创作构思之后，便进入材料的选择处理、肌理的制作、颜色的调配等环节。这一过程既费时费力、耗资不小，又对具体创作环境的要求很高（如光线、空间大小等）。在数字绘画中，整个创作是在一个虚拟的数字化环境中进行的，从而摆脱了对绘画材料、环境及工具媒介的依赖给创作带来的种种制约。

数字绘画具有高度智能性，但创作仍以手绘方式为主。数字绘画的创作过程是极人性化的，它具有很强的智能性。这种智能性创作具体体现为：它把绘画创作中一些基本的技法、效果处理等通过图形程序系统地总结出来，使某些前期的、表层的创作处理及后期效果在一定程度上可以由计算机生成，其瞬息万变的色彩、随心所欲的画面构成，以及各种笔触的修改、复原、变换等，都是传统绘画方式望尘莫及的。这不仅给画家提供了一种前所未有的艺术表现形式和视觉空间，也给画家探索各种绘画语言形式创造了极大的可能性和自由性。从这一点来说，数字绘画的产生将会使某些传统的手绘方式和技巧技能发生某种有价值的飞跃。

另外，技术在这里仍然只是作为一种艺术媒介手段而不是表现主体。绘画程序对创作过程中某些表层的重复性的技能操纵的完成，不是为了要让程序来替代人的创造性劳动，而是为了尽可能地发掘、释放画家潜在的艺术想象力。在数字绘画中，传统的手绘方式和深层的技巧技能非但没有被放弃，反而得到进一步的继承和发展。鼠标也罢，各种绘画输入板也好，在数字绘画创作中，它们都转换成各种"画笔"，而每一个视觉形象的创造都要求具有良好的造型基础、色彩训练和娴熟的手绘技能，这又是数字绘画本身所不能解决的。手绘作为艺术创作的基本方式，始终构成绘画作品的基本特质，对数字绘画而言也是如此。正是通过手绘，艺术语言才具备了充满个性、丰富的美学内涵。和传统绘画形式相比，数字绘画具有再现性好、灵活性大的优点。它不会因为时间、存储、展示、复制等因素而产生画面质量的退化，而且易于保存、修改、携带、展示交流及复制等。

数字绘画使艺术的传播与交流从各种时空的制约中解放出来，也从许多人为的限制中摆脱出来。当无所不在的网络正在使数字化存在成为一种现实，当画家们发现可以在网络里进行各种各样的艺术漫游，而每一位网络使用者都可以与世界上任意一网点进行实时连接，传统意义上的物理空间已经被转化为数字化的赛格空间时，画家开始认识到，在计算机屏幕后面所呈现的是一个更丰富、更广阔、更自由、更富有想象力的艺术世界。数字绘画的这些特点及其给绘画艺术带来的开天辟地式的革新绝不只是理论推导的结果，恰恰相反，数字绘画艺术的实践早已走到了理论研究者的前面。

综上所述，我们可以清楚地看到计算机作为工具对绘画的影响，它丰富了绘画的表现技巧和手段，极大地提升了画家观察世界、把握世界、模仿世界的能力，开拓了绘画表现的新领域，极大地提高了绘画艺术的生产效率，为绘画艺术的普及和传播做出了巨大的贡献。但不可忽略的是它的异化现象，它的组合性制约了艺术必需的个性、独创性，它的简易性制约了艺术必需的情感性、思想深度及艺术使命感，它的精确性制约了艺术的想象力和独特韵味，它的可复制性制约了对艺术劳动的尊重和激励，等等，这些都是计算机绘画在发展中需要解决的问题。

第二节　数字动画设计

一、走向"数字"的动画艺术

（一）动画的含义

什么是动画？复旦大学出版社出版的《动画概论》中这样解释动画片：一种以"逐格拍摄"为基本摄制方法，并以一定的美术形式作为其内容载体的影片样式。这里的"逐格拍摄"指的是动画的技术实现手段，而美术形式和"影片"则是动画本体的存在形式，三者缺一不可。

《中国电影大辞典》中把动画归类于电影：用图画表现电影艺术形象的一种美术片，摄制时采用逐格拍摄的方法，将人工绘制的许多张有连贯性动作的画面依次拍摄下来，连续放映时，在银幕上产生活动的影像。

通过比较可以看出，多数论著对动画含义的解释都是狭义的，即动画就是动画电影。《大美百科全书》中对动画的解释则着眼于动画与影视的差别，突出了动画艺术的本质特征，具有一定广义性。本书对动画的解释取其更广泛的含义，即动画是以虚拟造型、逐格摄影为主要表现手段，具有高度假定性的动态形象、动态事件和视听故事。之所以这样解释，是因为现代动画的形态已经发生了很大变化，数字动画软件的出现颠覆了逐格摄影的技术理论，大量的多媒体人机互动动画更注重游戏和娱乐。在计算机二维、三维软件和虚拟仿真技术的支持下，现代动画还应用到科学研究、教育、建筑、考古、表演等教科文领域和经济、军事等领域，表达眼睛和影像难以企及的远古世界、超视距世界和未来世界，成为信息社会的宠儿。

动画艺术几乎综合了所有艺术门类的基本元素，继而合成全新的动画艺术语言和艺术形象：美术，包括绘画、雕塑、艺术设计、剪纸等都是动画造型的基础要素；摄影是动画的光影和制作元素；戏剧和舞蹈是动画的表演元素；音乐是动画的抒情和节奏元素；文学是动画剧作和角色语言的基础要素；影视是动画故事的载体和视听叙事要素。

动画的分类没有一定之规。从制作技术和表现手段看，动画可分为以手工绘制为主的传统动画和以计算机绘制为主的数字动画；从动作的表现形式来看，动画大致分为接近自然动作的"完善动画"（动画电影）和简化、夸张的"局限动画"（幻灯片动画）；从空间的视觉效果上看，动画又可分为平面动画和三维动画；从播放效果上看，动画还可以分为顺序动画（连续动作）和交互式动画（反复动作）；从每秒播放的幅数来看，动画还有全动画（每秒 24 帧）和半动画（每秒少于 24 帧）之分。

（二）数字动画发展史

动画是一种"具有多种可能性的，具有技术和艺术双重性质的手段"。动画产生于为研究视觉现象而做的物理实验，这使它本质上具有技术特性，而逐格拍摄技术的发明使动画从物理实验和"把戏电影"的行列中脱离出来，成为一门独特的艺术形式。此后，技术领域的每一次革新都不断丰富着动画的艺术表现力。

1. 动画的起源

25000 年前的石器时代洞穴上的野牛奔跑分析图，是人类试图捕捉动作的最早证据之一。在一张图上把不同时间发生的动作画在一起，这种"同时进行"的概念间接显示了人类"动"的欲望；达·芬奇的黄金比例人体图上画的四只胳膊，表示双手上下摆动的动作。这些和动画的概念都有相通之处，但真正发展出使图上的画像动起来的方法，还是在遥远的欧洲。

1828 年，法国人保罗·罗盖特首先发现了视觉暂留。他发明了"幻盘"，它是一个被绳子在两面穿过的圆盘，圆盘的一面画了一只鸟，另外一面画了一个空笼子。当旋转圆盘时，鸟在笼子里出现了。

1831 年，法国人约瑟夫·普拉多把画好的图片按照顺序放在一部机器的圆盘上，圆盘可以在机器的带动下转动。这部机器还有一个观察窗，用来观看活动图片效果。在机器的带动下，圆盘低速旋转，而圆盘上的图片也随着圆盘旋转。从观察窗看过去，图片似乎动了起来，形成动的画面，这就是原始动画的雏形。

1906 年，美国人斯图亚特·布莱克顿制作出一部接近现代动画概念的影片，叫《滑稽面孔的幽默形象》。这部影片采用了逐格摄影技术，绘制了 3000 张画，被公认为世界上第一部动画片。这项技术一经发明，就得到了法国人埃米尔·科尔的关注。一次，科尔看到一位特技摄影师使用逐格摄影技术拍摄，即将物体移动一下拍一格，再移动一下拍一格，如此拍下去，把所拍的图像连续放映出来，就收到了特殊的运动效果。于是，科尔在此基础上对逐格摄影技术继续钻研，于 1907 年制作出了他的第一部动画片——《幻影集》。

美国人温瑟·麦凯在 1914 年推出其代表作《恐龙葛蒂》。这部动画片结合了故事情节、角色和真人表演，预示着动画的巨大艺术潜能。为使每秒 24 格的画面表现出令人信服的流畅动作，这部动画史上的经典影片的纸上绘画超过 5000 张，而且每一格的背景都要重画。

1915 年，易尔·赫德发明了胶片，从此画家不用重复描画背景，动画的制作过程简化了。另外，同声技术的发明也带给动画新的表现元素，对白和音效被加入其中以推动情节发展和渲染情绪气氛。

1928 年，迪士尼推出第一部音画同步的有声卡通片《蒸汽船威利》。精良的制作和完美的工艺使影片取得了巨大的商业成功，成规模的动画工业从此建立起来。商业价值促使更多的人力、物力被投入动画事业中，因此，动画创作者有足够的时间和空间完善、改进制作技术，寻求理想的创作方法，动画的艺术语言不断被发掘，更多的技术手段相继问世。

2. 计算机介入动画创作

在传统动画的制作过程中，导演首先要将剧本细化成一个个分镜头，然后由动画设计师绘制各分镜头的角色造型，并确定关键时刻各角色的造型；其次，由助理动画师根据这些关键形状绘制出从一个关键形状到下一个关键形状的自然过渡，并完成填色及合成工作；最后，再一帧一帧地拍摄这些画面，得到一部动画片。

在以上制作过程中，由于大量枯燥的工作集中在动画师身上，如何减少助理动画师的工作、提高卡通动画的制作效率成为亟待解决的问题。计算机的介入改变了传统动画的制作工艺，经电脑描线上色的画面线条准确、色彩艳丽，并且电脑的快速处理使特技变得简单且效果更好。计算机介入动画创作，具有检查方便、简化管理、提高生产效率和缩短制作周期等优点。很多重复劳动可以借助计算机来完成。比如，计算机生成的图像可以复制、粘贴、翻转、放大、缩小、任意移位及自动计算背景移动等，还可以使用计算机进行关键帧之间的中间帧计算。由于计算机的参与，工艺环节明显减少，无须通过胶片拍摄和冲印就能演示结果，可以随时修改，既方便又节省时间，大大降低了制作成本，缩短了动画制作周期。20世纪70年代末广泛用于影剧院的环绕立体声系统也应用到动画片中，为动画的声音增添了逼真的临场感、包围感及移动感等身临其境的魅力。

色彩、声音、流畅的动作和规范的制作流程使动画艺术成为足以与电影相媲美的影像表现方式，原本简单的物理实验进入了一个广阔的艺术空间，受实际拍摄限制的艺术元素在动画里得到彻底的解放，艺术家的思维空间豁然开朗，优秀的作品层出不穷，如迪士尼公司的《幻想曲》《睡美人》、日本手冢治虫的《太阳王子》《森林大帝》，以及宫崎骏的《大提琴手》《风之谷》《天空之城》等。

二、无纸动画设计艺术

（一）二维无纸动画的设计基础

1. 二维无纸动画的定义

二维无纸动画又被称为计算机辅助动画，它的主要特点是借助计算机来完成传统手工动画的大量重复劳动，其中，比较简单的是由计算机帮助完成描线、上色的工作；比较复杂的是由计算机计算和生成中间画。

一段动画是由许多画面的连续播放形成的，每个画面称为一帧。帧是动画的最小单位。按照每秒 24 帧计算，10 分钟的动画片的长度是 14400 帧。制作传统手绘动画时，为了减少绘制工作量，有时两格或三格都使用相同的画面。为了提高画面绘制的效率，将表现物体的极限位置、角色的基本特征或其他重要内容的画面抽取出来，称为关键帧。关键帧由经验丰富的动画师完成。两个关键帧之间的画面，就称为中间画。当关键帧确定后，中间画可以由多位设计助手完成。要想由计算机计算和生成中间画，首先要将动画师设计、绘制的关键帧输入计算机中，或者由动画师设计用计算机交互操作生成，再进行适当的编辑；然后，计算机根据关键帧用补插的方法生成中间画。这样生成的动画也被称为渐变动画。当无法在关键帧之间补插时，就必须将每一帧都作为关键帧，这样的动画被称为逐帧动画。

2. 二维无纸动画的特点

与传统的手绘动画相比，二维无纸动画描线、上色颜色一致，界线准确，修改方便，质量有保证。计算机图像可以拷贝、粘贴、放大、缩小、翻转、移位等，生产效率高，可以有效缩短制作周期，其特点主要表现在以下几个方面：

可以自动生成中间画，代替了手工绘制原画中间夹动画的功能，方法是：将原画矢量化，画出矢量化的图形，再在计算机上任意修改原画。计算机生成中间画的速度非常快，而且动作准确、平稳、流畅。

具有拷贝功能。计算机二维动画制作具有形象拷贝功能。例如，画一匹马奔跑的镜头，一般手工动画要画17张循环图，只能表现一匹马在奔跑。如果有1000匹马在跑，就要画17000匹马，这样的工作量手工动画很难完成。而用计算机来做就不同了，它可以将17匹马分别拷贝，形成不同的形象，涂上不同的颜色，分成大小不同的马，就很容易制成17000匹马在奔跑的大场面。用计算机显示动作和速度，可以在摄制表上将不同张的起始帧改变，也就是有的从第一张开始，有的从第二张开始，有的从第三张开始，依此类推做起始帧。这样，动作和速度就会产生不同的变化，人眼难以分辨重复的感觉。

可以描线上色。计算机动画不用描线，只要将手工画好的原画动画输入计算机，即会自动进行线框的处理：将手工疏忽的线条中没有连接的地方自动封闭；将粗细、深浅不同的线自动统一成一样规格的线；根据需要，还可将输入的线条变成不同颜色的线，做局部改变，若用手工描线是十分费时的。计算机动画上色很方便，只需用鼠标或绘图笔一点，在线框封闭范围内，就会立刻上好你所需要的颜色。这种颜色无须担心开裂、剥落、不匀、串色、等待晾干等。计算机具有1600万种颜色，可任意选用。一般手工动画描线上色，按一个人一天工作8小时计算，一名熟练的工作人员也就描20张左右，而计算机制作可以达到200张左右，速度提高了10倍。

计算机输出代替人工拍摄。计算机可以将动画直接输出到录像带、胶片、光盘、数码带上，而不用通过摄影机逐格拍摄。在成千上万张动画拍摄中，拍错是常有的，也是难免的事。在摄影中，光量、光圈、景深、速度等在处理上颇为复杂。计算机动画背景和动画都是分别输入合成的,可以随心所欲地调整,实时查看效果并做同步修改,这也大大提高了动画制作效率。

(二)二维无纸动画的制作流程

传统手绘动画制作分工细、工序多、制作流程复杂,需要大量的人力资源才能完成。由于计算机技术的发展,动画制作的数字化程度越来越高,工艺流程更加精密,使千头万绪的动画生产有条不紊,大大减少了失误,提高了工作效率。数字二维动画可以分为两类:一类是采用传统动画制作工艺,手绘形象,着色、剪辑和特殊效果等环节借助计算机来完成;另一类则完全使用计算机创作动画,即二维无纸动画。无论采用何种制作方式,数字动画与传统二维动画制作的基本流程相仿,在总体上都分为前期策划设计、中期制作、后期编辑三部分。

1. 传统二维动画的制作

传统二维动画制作采用的是手绘方式,有着严格的工艺流程:首先用绘画的方式把形象和背景分层画在纸上或胶片上,再将设计好的人物动作和环境的变化绘制成动态连续的多幅画面,然后用逐格摄影机按顺序逐格拍摄。剪辑成片后,用放映机按照一定的频率连续播放,形成动态画面和形象。

(1)前期策划和设计阶段

前期策划和设计是动画创作最重要的部分,它决定了第二阶段的具体绘制和生产,关系到整部作品的成败。制片人或导演将成立一个由主要创作人员组成的创作组,包括导演、编剧、美术设计、原画师、摄影师、音乐师及制片等,他们负责对影片的内容、形式、风格、技术等进行策划及创作。

在前期策划阶段,首先要写出一部好剧本。影视动画的剧本与普通故事片的剧本既有共同的创作规律,又有自己的独特之处。动画剧本首先要遵循影视叙事的基本规律，按场面、段落组织剧本结构。但是动画剧作一般要通过儿童或人类童年的视角来看世界，充满想象、幻想、象征、神似等创作因素，因此在题材、主题、情节、角色、叙事结构等方面都具有动画特有的情境和表达方式。

摄制组在充分研读剧本后，要着手进行美术设计。这里的美术设计是指影片整体视觉风格的设计。在影视动画的制作中，美术设计要使人物与场景、光影与色彩保持统一风格。美术设计包括角色造型设计、场景设计、道具设计等。角色的造型设计要符合影视动画的整体视觉风格，要根据剧本中的角色年龄、性格、身份，设计出标准造型图、各个角色之间的相互关系总比例图、主要角色的各个转面图、表情与习惯动作图、口型图等。场景设计是指随着时间改变而变化的角色表演环境的设计，它提供了故事展开的地点、年代、社会背景和气氛，是画面构图、镜头虚拟调度及角色活动的依据。因此，场景设计对影片的整体视觉效果影响极大。场景设计稿通常不会直接用于拍摄，而是为以后的镜头设计稿和背景绘制提供依据。

在上述设计定稿之后，导演和美术设计师要共同确定动画的色彩。色彩指定的对象一般是人物、活动道具和景物。这个过程需要调配各种上色涂料，并把各种不同人物造型的色彩编上号，方便以后上色时使用。

画面分镜头台本制作，即设计动画的故事版，是将文字剧本转换成图像的一道工序，它是用前后连贯的草图来讲述剧情、表现冲突和人物性格的，作为中期绘制阶段的蓝本，可以让剧组工作人员准确了解影片意图。分镜头台本要规范到一个清晰的栏目表内，这可以使导演更容易把握情节概貌与结构线索。

（2）中期制作阶段

编制动画摄影表。摄影表又叫律表，用来记录角色动作的时间、速度，以及对白和背景摄影要求，是摄影师拍摄的主要依据。摄影表中标有动画片名、镜号、规格、秒数及对白口型、摄影要求等项目，是导演、原画、动画、描线、上色、校对和拍摄等各道工序相互沟通的桥梁。

原画绘制。原画是指动画中的关键动作画面。原画师在充分理解导演阐述的基础上，通过对剧情和角色的理解，结合自己对镜头设计稿表达的意见，设计出动画镜头中人物动作和表情的关键动作姿态和动作持续时间，确定人物表演的动作幅度，进行编号并填写摄影表，以便中间动画师绘制两个关键动作间的过渡动画。原画一般是角色动作的起止点和中间重要转折点的动态。原画的质量在很大程度上决定了动画的质量。

动画绘制。动画是指连接原画动作之间逐渐变化的过程画面，它将关键动作之间的部分补充完整，使动作连贯起来，也称加动画、加中间画。

绘制背景。绘制背景是指设计者按照前期的场景设计图，为每一个镜头绘制背景画面。设计者在绘制时必须加强与动画师的联系，做到与角色的协调统一，不能为了表现绚丽的场景而影响剧情的发展；要严格按照设计稿规定的景别、角度、构造及位置绘制背景，绘制动画背景一定要有摄影机意识，即空间距离意识和镜头关系意识。

线拍。线拍是用黑白高反差正片将完成的动画铅笔稿拍成样片，所以线拍又称拍铅笔稿。具体做法是运用线拍仪，将画面按照摄影表的顺序，拍摄成能表现一定情节动作的样片，按摄影表规定的时间和速度放映样片，就可以检查动画的实际动作和画面效果，如果发现问题，要提出意见并修改。

动检。动检即根据内容和摄影表的顺序，对动画角色的表演、造型、动作、线条、饰品、道具等动画稿是否确实按原画设计而进行的检查和核对工作。

描线。原画、动画完成以后，因为是画在纸上的画面，不能直接进行正式拍摄。描线人员要用特制的描线钢笔，按照角色造型的线条，将画稿复绘在胶片上，描绘时要用同样规格的胶片，套在定位器上进行描线。

上色。镜头描线完成后就可以交给上色部门进行涂色。手工描线上色是劳动密集型的工序，颜料的色彩必须严格按照指定的编号，一块一块地涂，要做到厚薄均匀，不能有气泡和疵点。有些画面比较复杂，一张胶片就要涂十几种甚至几十种颜色。

（3）后期制作阶段

动画摄影。动画摄影台是立式结构。动画摄影机放在机架的顶端，对准摄影机下面的台面。台面是水平的，上面放置被拍摄的胶片，台面上还装有定位器和移动轨道。拍摄时，动画摄影师将背景放在最下面一层，中间各层放置不同的人物或前景等，通过操作台面的移动来产生动画效果。

剪辑。将拍摄完成的底片送到洗印部门冲洗，印成工作样片。在导演的指导下，剪辑人员按分镜头台本的次序对动画各片段进行剪接、排序。影视动画剪辑比常规影片剪辑要简单，因为动画分镜头画面在设计阶段就已基本定型，连接前后镜头，并且根据不同传播途径的需要，将其分别剪辑成长度不同的版本。

录音。声音的剪辑往往与录音交替进行。画面样片剪辑完成之后，导演和录音师首先选择合适的配音演员来进行对白配音；对白录制完成后与画面一起进行剪辑，校准对白与画面的关系，使它们配合协调，并再次调整影片的节奏；作曲家和导演确定需要配乐的段落后，进行音乐录音；最后拟音师根据动作选择合适的音响效果并进行录制。这样，音效和音乐就录制完成了。

合成。声画双片经过色彩校正后，便可将声音和画面翻到一条正片上，然后再将校正拷贝翻成底片——用这条底片即可印制大量的发行拷贝，在影院放映。

经过这些复杂的制作流程，一部动画影片就诞生了。

2.保留传统手绘习惯的数字动画制作

在现在动画创作中，还有一些保留着传统手绘习惯的二维动画创作，它的工艺流程与手绘动画没有本质的区别，只是在中、后期的某些制作环节有更大的便捷性。

（1）前期策划与设计阶段

在前期策划和设计阶段，数字动画的流程与传统的手绘动画基本一致，只有细微的差别需要注意。相比传统的手绘动画，计算机二维动画的制作周期短，更容易实现一些复杂的场景和特殊效果，这就给文学剧本的编写者带来更大的想象空间和发挥余地。

（2）中期制作阶段

这一阶段与传统手绘动画最大的差别就在于工具的使用和制作流程上，包括原画、动画及背景绘制、扫描、修线上色、合层等。

在具体的制作中，原画、动画及背景主要还是依靠铅笔和纸等传统手段绘制出草稿来，再通过扫描等手段将其数字化，以便进行后续的工作。用线拍系统拍摄改变了传统的动画运作方式，使导演能够更加便捷地修改动画线拍，并及时反馈修改结果；专业二维数字动画制作软件取代了原先手工制作的胶片，仅在一台个人计算机上就实现了动画制作。

（3）后期编辑输出阶段

二维动画软件最终都是将制作的成果输出为数字视频文件，而这些数字视频文件可能是图像序列，也可能是 AVI 或 MOV 文件。在大多数情况下，还需要对这些数字视频文件进行一些合成及剪辑的操作。常用的合成软件有 Fusion、Intfermot Flame/Flint 软件系列及 Shake、Adobe After Effects、Cumbustion 等。常用的剪辑软件有 Adobe Premiere、Final Cut Pro、Avid Xpress 等。

第三节 多媒体艺术集成设计

从最早的语言文字到今天日益普及的计算机网络，媒体也从单一感官的刺激，变成了多感官、多通道、全方位地传递信息，让人们参与了一种主动的、令人激动的体验。如今我们几乎被多媒体信息——多媒体光盘、电子出版物、视听综合网站等包围。

多媒体的使用正在颠覆传统媒体单一的信息传递和交流的方式。多媒体集成应用软件（作品）为用户提供了多感官、多通道体验信息的可能，使得用户可以与计算机或创作者本人进行交互，让信息的传达更为自然、有效和人性化。

一、多媒体集成设计的特点

（一）多媒体集成设计的定义

多媒体从不同的角度有不同的定义，比如"多媒体计算机是一组硬件和软件设备，结合了各种视觉和听觉媒体，能够产生令人印象深刻的视听效果。在视觉媒体上，包括图形、动画、图像和文字等媒体；在听觉媒体上，则包括语言、立体声响和音乐等媒体。用户可以通过多媒体计算机同时接触到各种各样的媒体来源"。声音、图像、图形、文字等因被理解为承载信息的媒体而被称为多媒体，这其实并不准确，因为这容易跟那些承载信息进行传输、存储的物质媒体（也有人称为介质），如电磁波、光、空气波、电流、磁介质等相混淆。但是，现在"多媒体"这个名词或术语几乎已经成为文字、图形、图像和声音的同义词。一般人认为，多媒体就是声音、图像与图形等的组合，所以在一般的文章中也就一直沿用这个不太准确的词。

按照对"媒体"一词属性的不同理解，可以将多媒体的概念分为广义和狭义两个层次来理解：广义指的是能传播文字、声音、图形、图像、动画和电视等多种类型信息的手段、方式或载体，包括电影、电视、VCD、DVD、电脑、网络等；而狭义专指融合两种以上"传播手段、方式或载体"的、人机交互式信息交流和传播的媒体，或者说是指在计算机控制下把文字、声音、图形、影像、动画和电视等多种类型的信息混合在一起交流传播的手段、方式或载体，如多媒体电脑、互联网等。目前流行的多媒体的概念主要是指文字、图形、图像、声音等人的器官能直接感受和理解的多种信息类型，这已经成为一种狭义的对多媒体的理解。从计算机和通信设备处理信息的角度来看，可以将自然界和人类社会原始信息存在的形式——数据、文字、有声的语言、音响、绘画、动画、图像等归结为三种最基本的媒体：声、图、文。传统的计算机只能处理单媒体——"文"，电视能传播声、图、文集成信息，但它不是多媒体系统。

综上所述，可对多媒体集成设计做出如下定义：使用计算机交互式综合处理多种媒体信息——文本、图形、图像、动画、声音，使多种信息建立逻辑链接，集成为一个系统并具有交互性，从而实现输入、输出方式的多元化，增强人们获取信息的效果。简言之，多媒体集成设计就是具有集成性、实时性和交互性的计算机综合处理声、文、图信息的技术，包括多媒体电子出版物设计、多媒体网站设计、多媒体信息资讯系统设计、多媒体教学项目设计、多媒体展示系统设计等具体内容。

（二）多媒体集成设计的特点

在多媒体集成应用软件中，可以用文字、图片、声音、动画、视频等多种媒体形式来表达信息；用软件把这些信息加以组织，用计算机控制；通过网络传播，存储到磁盘或光盘上。当人们想从中获取信息时，可以通过计算机或移动式多媒体终端与软件交互，将信息展示在屏幕上，然后阅读或观看。一方面，多媒体集成应用软件与纸质印刷品是相同的，都包括大量的文字，有许多页，有时被称为电子报纸、电子杂志或电子书籍。另一方面，多媒体集成应用软件又与影视有相同之处——都有缤纷的画面、优美的语音、音乐和动画。

但是，较之传统的传播方式，多媒体集成应用软件又有许多独特的优势：多媒体集成设计所处理的多种媒体数据是一个有机的整体，而不是一个个"分立"的信息类的简单堆积；多种媒体间无论在时间上还是空间上都存在着紧密的联系，是具有同步性和协调性的群体。因此，多媒体技术的关键特性在于信息载体的交互性、非线性、集成性、协同性和实时性。这些特性也是多媒体集成设计中必须解决的主要问题。

1. 信息接受的交互性与非线性

多媒体代表着数字控制和数字媒体的融合，它的核心特征就是人机互动交流，即向用户提供更有效的控制和使用信息的手段。这种人机互动交流也改变了人们传统的循序性的读写模式，代之以一种非线性、动态化的信息结构。以往人们读写大都采用章、节、页的框架，循序渐进地获取知识，而多媒体集成设计将借助超文本链接的方法，把内容以一种更灵活、更具变化的方式呈现给用户，让用户可以按照自己的目的和认知特征重新组织信息，增加、删除或修改节点，重新建立链接。从这个意义上说，多媒体是"一部永远读不完的书"。

2. 系统组织的结构化与集成性

多媒体集成设计使用各种成熟的技术手段（如高速 CPU、大容量存储介质、高性能 1/6 通道、宽带通信口和网络等硬件，以及各类多媒体系统、应用软件等），集成功能强大的信息系统，使之能够对不同媒体属性的信息进行多通道统一获取、存储、组织与合成。多种媒体信息的完美结合，能够完整、自然地与用户进行沟通，更符合受众获得和传递信息的心理需要。

为了保证大量的多媒体数据能够有效地呈现给用户，系统的集成是以资源组织的结构化为基础的。在编程方面，它强调按照软的结构和逻辑关系把多媒体数据链接和组织起来，并实现页面的跳转或超媒体链接。

二、图形用户界面设计

随着网络和信息载体（手机、电脑等）的发展，图形用户界面已成为一种集视、听、交互、技术于一体的综合艺术门类，并且已在软件界面、多媒体课件界面、游戏界面、网页中有不同体现。它越来越多地带给人们新奇、便捷、有趣的体验。

（一）图形用户界面设计基础

1. 图形用户界面设计的定义

图形用户界面的作用是为多媒体集成应用软件用户提供视觉界面和操作窗口，它是一种结合计算机科学、美学、心理学、行为学及各商业领域需求分析的人机系统工程，强调"人—机—环境"三者作为一个系统进行总体设计。图形用户界面的主要特点是桌面隐喻、WIMP 技术、直接操作和所见即所得。它主要包括三方面内容：视觉设计（按钮的形态）、交互方式设计（鼠标点击按钮并产生反馈）、可用性设计（操作的效率、效果）。

图形用户界面设计的基础是利用计算机在二维空间、色彩和构图等方面构思和完成一个设计方案，这一点与前面所讲的数字平面设计相同。多媒体图形用户界面设计要想创造出软件的风格和界面功能，设计者应具有一定的色彩学基础和平面设计的技巧，这有助于掌握图形、图像在屏幕上的显示效果。此外，设计者要充分掌握多媒体图像处理的技术和技巧，利用计算机图像处理的强大功能来实现创意。

与一般的平面设计不同，图形用户界面设计不仅是传递一种信息，它还具有完成和体现软件交互界面的功能。多媒体集成应用软件的图形用户界面设计实际上从软件的选题创意、脚本编写、故事板设计等就已经开始了，而且这种设计也贯穿于软件开发的始终。也就是说，软件的视觉风格体现在软件的整体视觉效果上，而不仅仅是某一页面的图形、图像效果。图形用户界面设计并不是一屏一屏独立页面的设计，而是必须斟酌从一屏到另一屏在风格和内容上的过渡，这是多媒体图形用户界面设计与普通的平面设计的不同之处。

2. 图形用户界面设计的特点

与其他形态的界面（如印刷品、电视媒体、计算机文本界面等）相比，图形用户界面有其特殊性。这就决定了它不能照搬别处的设计经验，只有在深刻理解其特性的基础上，才能合理地进行设计。一般来说，图形用户界面设计主要具有以下特性：

（1）可视性

视觉是人类获取信息的主要途径。可视性在人机之间架设起一条宽阔的信息通道，是图形用户界面设计的基础。文本、图形、图像、动画、视频、声音被广泛使用。同时，可视性常常受到显示设备的影响和限制，成为设计中的不确定因素。

（2）交互性

系统应向用户提供主动的和被动的交互。比如，用户发出命令，系统产生反馈，或系统给出信息，用户做出响应。交互应具有灵活性。系统可以根据不同的用户和工作情况提供相应的界面和工作方式，也允许用户自主选择交互的方式——也正是由于交互，界面成为一个变化的机体。

（3）透明性

一方面，系统应该是容易被用户理解的，它以一致的方式交互和工作。不管系统的后台工作方式或实现方式有多复杂，用户随时都可以了解系统的工作情况并能预测系统的行为和结果。另一方面，一个设计良好的界面能够帮助用户将注意力集中在他所做的工作上。界面本身无须太多关注，不应成为一种障碍。用户可以自然地工作，而作为工具的界面仿佛是透明的。

3. 图形用户界面设计的主要内容

（1）结构设计

结构设计是整个图形用户界面设计的基础。在设计的初始阶段，需要通过对用户进行研究和任务分析，制定出产品的整体架构；将界面拆分为若干模块，尝试各种组合的可能，以便结合后面的各项设计并进行评估。

另外，软件存在显性的界面和隐性的界面。显性的界面是直接可以看到的，如表层界面上可以看到的按钮、菜单等。结构设计对这两种形式的界面都要加以考虑。

（2）交互设计

采用不同的交互方式会引起用户不同的操作行为。良好的交互方式设计将向用户提供有效的控制、及时的反馈和有益的帮助信息，能使用户更好地完成任务，增强用户的信心并建立对系统的信任。是使用菜单、表格、命令语言，还是直接操纵；是使用提示框、动画，还是声音信号，如何选择合适的交互方式，要根据实现的功能或任务流程来确定。

（3）视觉设计

初始的视觉设计要尽可能不受到软件功能或结构设计的限制，应充分发挥创造力，然后再结合各方面因素评估可行性：是平面化还是立体化、是简洁型还是复杂型、是时尚还是怀旧；视觉风格要基于对用户研究、任务分析和产品形象策划来确定，由此定位整体效果、界面元素的视觉形式等。

因为交互设计、视觉设计在整个设计过程中相互影响，所以要反复地对设计进行评估、调整、再评估，任何一方面都不要轻易地妥协，这样才可能得到最好的结果。

（二）界面设计的总体思考

多媒体集成应用软件的界面不同于平面媒体，也不同于影视作品的界面。它不再是单一不变的信息或被动地接收视觉、听觉的信息，而是具有动态的视觉效果、可变的信息（在网页中信息还可以更新，软件中命令面板可以设置）、听觉上的反馈及有趣的交互。

对设计者来说，唯一的理想界面并不存在，必须在准确定位目标人群的基础上，综合图形用户界面的上述特点，进行综合分析和总体把握，可以从以下方面加以考虑：

1. 创意风格的把握

在多媒体艺术集成设计中，"创意"和"风格"可表现为屏幕信息主体、构图、背景、纹理、用户界面、运动效果和伴音、音效等，也就是说，视觉效果和听觉效果能够反映一个软件的创意风格。当读者或用户浏览一个信息软件、网站时，软件、网站的视听效果可以影响他们的情绪，留下深刻的印象，甚至可以改变一个软件、网站的信息导向。

从多媒体艺术设计的发展过程来看，图形、图像是软件、网站中信息的主要媒体之一，具有较强的视觉表现力，因此图形、图像和色彩效果是表现软件、网站视觉风格的首要因素。其次，动画和视音频在多媒体中具有很强的表现力，它们在屏幕设计的基础上考虑视觉的运动和流畅，以及伴音与视像的配合等因素。因此，创意和视听风格设计主要包括屏幕设计、运动设计和音频设计三类。

2. 形式与内容、功能的统一

界面就像一个产品的包装，而设计应该通过组合的艺术形式让用户很快了解到软件、网页、游戏的主题、任务及各部分的功能。这里的形式主要指字体、图标按键、图形符号、图片、色彩、背景音乐、动态效果、版面构成和导航构架等要素；功能则指具体软件指令和交互。

在前期的创作阶段，设计师要根据内容和功能进行大致的结构规划和主要设计要素如色彩、版式、字体、音乐的风格定位；到了后期就要求设计师在保持创作激情与风格的同时，以严谨的态度去揣摩各设计要素和导航结构的合理性、准确性、趣味性，从而激发和引导用户的使用。

第四节　数字媒体艺术与信息化设计

一、电子出版物设计

（一）平板电脑与电子书

电子出版物是以数字代码的方式将图、文、声、像等信息存储在磁、光、电等介质上，通过电脑或类似功能的设备读取使用，用以表达思想、普及知识和积累文化信息，并可复制发行的大众传播媒体。电子书从 1998 年问世以来，迅速地走完了研发和市场化的过程。2007 年亚马逊推出了电子书阅读器 Kindle，又称"电纸书"，内存可容纳 1500 本书，电池能供 2 周持续阅读，屏幕模仿真正的墨迹和纸张。

2010 年，苹果公司的平板电脑 iPad 开始对外发售，成为电子图书市场最大的竞争者。从当前来看，iPad 是最人性化的移动媒介终端，其全面的功能体验及对媒体强大的吸引力，表明 iPad 的媒介融合力是史无前例的，它在媒介融合的"终端统一"道路上跨了一大步。美国麻省理工学院媒体实验室的创始人尼葛洛庞帝将 iPad 等平板电脑视为"新的图书、新的报纸、新的杂志和新的电视屏幕"，尤其对纸媒而言，iPad 结合了手机和笔记本电脑的设计，更轻巧、更便捷，能提供浏览互联网、收发电子邮件、观看电子书、播放音频或视频等功能。

（二）儿童电子绘本设计

"绘本"源自日文，英文为"picture book"，顾名思义就是"画出来的书"。它是运用图画来表达故事、主题或情感的图书形式，以图为主、以文为辅，注重画面的连贯性与讲述性，是极富文学性和艺术性的图画书。电子绘本就是集声音、视频、动画、游戏、转场和交互等要素于一体，运用数字技术制作成的多媒体读物。电子绘本具有传统纸质书无法提供的多媒体性、互动性与游戏性，因此能很快吸引孩子的注意力，引起他们的阅读动机和阅读兴趣。儿童的成长是从图像的认知开始的。随着年龄的增大和大脑逐步发育成熟，学龄前儿童已经开始将图像与文字、声音朗诵、故事阅读等结合起来学习。此外，由于 iPad 上的许多国外出版的儿童绘本有英语朗诵和相关游戏环节，可以帮助学龄前儿童熟悉英文环境，为小学阶段的英语学习打下基础，而且通过亲子互动环节，可以提高大人与孩子之间共同游乐和学习的兴趣，对启发儿童的智力和情商也大有裨益。

儿童处于生理和心理的早期发育阶段，所以设计师要充分考虑到儿童的认知水平，针对儿童的听、说、读、写能力进行绘本设计，通过故事题材内容与交互性设计的巧妙结合，使孩子通过图书了解故事、欣赏绘画、玩游戏，培养孩子的认知能力、观察能力、沟通能力、想象力、创造力，促进情感发育等。儿童电子绘本在内容设计上应注重体现趣味性、交互性。

现在越来越多的儿童绘本 APP 的设计者开始重视儿童在绘本内容上的全面互动，在绘本内容里嵌入了分支剧情，让儿童自主选择剧情发展方向，或者针对绘本内容提出问题，让孩子选取答案来解读故事，这样在集中孩子注意力的同时，能激发孩子自发地去探索和思考，不断碰撞出新的火花，从而提高益智的教育意义。

兴趣是激发孩子主动积极地参与学习的动力，他们对直观的、形象的物体往往容易产生浓厚的探索兴趣。数字媒体技术正是通过对声、形、光、色的处理，以交互动画的形式直观而生动地展示绘本内容，变抽象为形象，化静态为动态，赋予角色生命，以形象、生动、逼真、直观的方式激发儿童的阅读兴趣，开阔儿童的阅读视野，提高儿童的阅读能力。和动画片一样，绘本也需要导演，在有限的篇幅里，按照故事内容组织图画语言，就像动画片的分镜头设计，把故事描绘得既好看又清晰，以图为主，图文并茂；特别是在封面设计上，简洁、清晰、色彩艳丽的图画往往能吸引儿童的注意力；同时再辅以音乐和清晰的导航，经过初步的训练后，儿童就可以自己或在大人的陪伴下阅读电子图书，享受知识与美的熏陶。

二、网络和移动媒体设计

（一）交互设计和用户体验

近年来，创新媒体如 Web 3.0、网络视频、电子书阅读器、智能手机、触控游戏、超薄液晶电视和平板电脑的高速发展，使得对新型媒体的研究，如社会化网络、网络社区、网络游戏等的设计探索成为当务之急。交互设计是指涉及所有交互式数字产品的设计方法。这是一个跨学科的交叉研究领域，包括信息架构、视觉传达、工业设计、设计心理学、人机工程学、用户体验和界面设计等。

交互设计的核心在于满足用户对产品内容和交互方式的各种体验。交互设计的目标有两种，即可用性目标和体验性目标。可用性目标关心的是符合特殊的使用标准的、功能性的、基于人机工程学的目标或用户体验，如有效率、有效性、安全性、一致性、易学习、易记忆等。以用户为中心的设计应该有三个目标：内容设计、可用性设计（行为设计）和界面设计（视觉传达，其中也包含声音设计、动画和视频设计等），即包括三方面的关注：形式、交互和内容。内容设计是关于媒体信息本身的设计，或者"信息＋导航"结构，重点在于让信息内容更加合理化、逻辑化，更容易被用户理解和接受。可用性设计则更关注用户认知和体验，包括导航设计、菜单设计、链接方式设计等，使用户有符合直觉的、熟悉的互动操控感。内容设计、行为设计和界面设计是网络媒体设计中相互依赖的统一体，偏废任何一个方面都不可能完成一个好的作品。

（二）HTML5+CSS3 规范网页设计

从 2010 年开始，HTML5 和 CSS3 就一直是互联网技术中最受关注的两个话题。2010 年在 MIX10 大会上，微软公司的工程师在介绍 IE9 时，从前端技术的角度把互联网的发展分为三个阶段：第一个阶段是以 Web 1.0 为主的网络阶段，前端主流技术是 HTML 和 CSS；第二个阶段是 Web 2.0 的 Ajax 应用阶段，热门技术是 JavaScript/DOM 异步数据请求；第三个阶段是目前的 HTML5 和 CSS3 阶段，这两者相辅相成，使互联网又进入了一个崭新的时代。

HTML 全名是超文本标记语言，是由 Web 的发明者 Tim Bemers-Lee 和同事 Dtuuel W.Connolly 于 1990 年创立的一种标记式语言。在 HTML5 之前，由于各个浏览器之间的标准不统一，Web 浏览器之间由于兼容性而引起的错误浪费了大量时间。HTML5 的目标就是将 Web 带入一个成熟的应用平台。在 HTML5 平台上，视频、音频、图像、动画及交互都被标准化，它的主要优势包括兼容性、合理性、高效率、可分离性、简洁性、通用性、无插件等，能够克服传统 HTML 平台的问题。因此，自从 2010 年被正式推出以来，它就以一种惊人的速度被迅速推广。HTML5 在音频、视频、动画、应用页面效果和开发效率等方面给网页结构带来了巨大的变化，给传统网页设计风格及相关理念带来了冲击。为了增强 Web 应用的实用性，HTML5 扩展了很多新技术，同时对传统 HTML 文档进行了修改，使文档结构更加清晰明确、容易阅读。HTML5 设计的网页不仅美观、清晰、可用性强，而且有可移植性，能够跨平台呈现为移动媒体或手机网页。目前，HTML5+CSS3 规范设计已成为网络媒体的设计标准，公司、政府机构和文化机构纷纷采用该标准进行网络媒体设计。

CSS 是 "Cascading Style Sheets"（层叠样式表）的简称。CSS 样式表单通过使用新的属性（如 ID、CLASS 和 STYLE）允许将样式用于指定的元素或元素组群。由于样式表单的定义方式是灵活多样的，既可以在 HTML 文档内定义，也可以调用外部的样式表单文件，因此被 W3C 推荐为更有发展的排式或样式表制作的工具。利用 CSS 样式，不仅可以控制一篇文档中的文本格式，而且通过外部链接的方式，可以控制多篇文档的文本格式。与 HTML 样式不同，对 CSS 样式的定义进行修改时，文档中所有应用该样式的文本格式也会自动发生改变，这为该网页的修改或进一步格式化提供了方便。CSS3 是 CSS 技术的升级版本。CSS3 语言开发朝着模块化发展。CSS 可以有效地对页面的布局、字体、颜色、背景和其他效果实现更加精确的控制。但 CSS 庞大且比较复杂，CSS3 进一步把 CSS 分解为一些小的模块，更多新的模块也被加入进来。CSS3 中的模块包括选择器、盒子模型、列表模块、超链接方式、语言模块、背景和边框、文字特效、2D/3D 转换、动画模块、多栏布局和用户界面等。目前，W3C 组织仍然在对 CSS3 规块进行开发。不过，现代浏览器已经实现了相当多的 CSS3 属性，因此设计师可以充分发挥创意，结合 HTML5 和 CSS3 的优势，设计出更精彩的网页。

第七章 数字媒体艺术的审美

数字媒体艺术是一种相对传统手工艺术，在借助现今计算机数字技术的基础上对艺术的一种展示方式，并通过计算机在音频、传播及图像等多个领域进行应用。目前，数字媒体艺术在我国的许多行业中都得到了广泛应用，而这种良好的使用情况，同其所具有的美学特征有着非常密切的联系。

第一节 数字媒体艺术与美学原理的关系

数字媒体艺术专业是一门以计算机技术为主、艺术为辅的综合性新专业，虽然是以技术为主，但是同样要求学习的人对艺术作品有一定鉴赏和创造能力。从本质上说，数字媒体涉及电视、电影、动画等传统视觉享受硬件方面的专业，但是加上了"艺术"之后，传统的数字媒体不再是简单的电视、电脑等具体存在的载体了，它更注重人们在视觉上、精神上的感受。这就使数字媒体艺术专业从本质上区别于传统的计算机专业，它摒弃了以往的计算机专业学习编程技术的要求。数字媒体艺术专业的学生在使用好计算机等配套设施的同时，要具备独立的欣赏能力。

以最常见的电影为例。电影的形式虽然多种多样，但是最起码的一点就是，电影都不是平铺直叙的，而是加入了剧情，但是剧情的延续还要靠情景的烘托，如夕阳西下、落叶纷飞。这些都需要数字媒体艺术的介入，只有对最基本的摄像机镜头所捕捉到的影像加以渲染，才能得到电影制作者最终想要的效果。但是我们又怎么知道观众的审美方向，或是怎样的渲染效果才能得到大部分人的认同？我们的渲染方式又应该是哪个方向？浪漫、激情，还是灰暗？数字媒体作品恰恰是因为人们的这种感受，与艺术或者审美产生了密切的联系。鲍姆嘉通使美学成了一门独立的学科，而审美也包括其中，至此数字媒体艺术才能说是真正意义上与美学有了密不可分的联系。数字媒体与美学并不是完全契合的，因为数字媒体作品并不是那么抽象的，它不能像毕加索的画那样晦涩难懂。作为一种比较直白的宣传文化的方式，数字媒体应该更直白地把所要表现的内容表达出来，所以数字媒体与美学原理的联系更为密切了。美学原理，顾名思义就是关于美学的原理，它解释了包括美学的起源、美学最基本的性质、美学的研究对象、美学与哲学的关系等方面，可以理解为美学存在的意义。

美学是一门人文学科，它要研究的是人类独有的审美现象。人类的审美现象涉及的是人与现实的关系。数字媒体在创作的时候不能再漫无边际地想象，而要遵循一种法则，一种人们审美心理的法则，而美学恰恰用语言解释了这种深奥的心理，并对其加以区分、阐述。以往的单纯的数字媒体已经无法满足人们这种随着世界的发展而变得越来越复杂或是多种多样的审美心理；数字媒体作品也无法再靠色彩、剧情吸引观众。正因为如此，数字媒体艺术应运而生，成了数字媒体中研究人们审美心理，并加以刻画、渲染的专业。所以从根本上讲，数字媒体艺术并不属于媒体，而是属于美学，虽然该专业是以艺术为辅，但这只是因为其表现的手段还是主要集中在硬件上。数字媒体艺术本身的指导思想已经发生了变化，那就是人们要学会用美学的眼光去欣赏事物，并且要把这种眼光变得越来越有深度。

数字媒体艺术是建立在掌握良好的美学专业知识的基础上的。因此可以说，要想成为一名数字媒体艺术工作者，首先应该成为一名艺术家。

第二节 数字媒体艺术的审美特征

网络技术的快速发展，全面地改变着我们的生活方式，渗透社会各个层面。在艺术创作方面，敏感的艺术家已经开始使用这种全新的技术来进行创作。数字媒体艺术借助对各门艺术元素的兼容并举，以及数字科技的全面支持，形成了新生代的艺术风格样式。

一、数字媒体艺术审美

审美指的是领悟和感受客观事物或者现象本身呈现出来的美，它是人在参与实践的过程中与客观事物或现象所构建的一种特殊的表现性关系。审美成了人类认识和掌握世界的一种特殊方式，它做到了主观与客观的具体统一、理智与情感的具体统一，从而能够追求发展、追求真理。具体到数字媒体艺术的审美，指的是人们通过观赏艺术家根据数字媒体艺术理念和数字媒体艺术创作方式创造出来的数字媒体艺术作品，从而感受和领悟数字媒体所带来的一种别样的艺术之美。它的审美对象便是动态的或者静态的二、三维数字化图像作品。在高度的信息化社会里，以计算机为主要代表的数字媒体艺术，将会对当前的艺术审美产生革命性的、颠覆性的、深远的影响。在数字媒体艺术审美与一般审美的关系问题上，我们先要看到它们的差异性，如审美对象的不同，一般审美是对现实美的感受，审美对象为现实的自然物和社会物，它们并不是专门为了审美而存在的；数字媒体艺术的审美对象为艺术作品，它们的存在通过审美价值体现。不过数字媒体艺术审美和一般审美在实质上却是相同的，它们的审美归根结底都指向了人类的审美精神，都来源于现实。

二、数字媒体艺术的美学特征

（一）多媒体性

数字媒体艺术的发展使人们有机会将艺术的美学概念更加深刻化，使艺术语言的内涵得到了极大的丰富。数字媒体艺术具有广博的多媒体性，它在构建自身新美学的过程中必然会和众多领域（如自然科学领域和人文科学领域）有所交叉。数字媒体艺术在此过程中具有较为丰富的文化理念。首先，数字媒体艺术在数字技术和网络技术基础上应用了大量的多媒体技术，在大量的高新技术的支持下最终形成了动画、图像等各种艺术形式。其次，这种不同领域方式的综合应用，能够在传统艺术表现形式的基础上对作品的创作空间及表现形式进行丰富与扩展。同以往单纯的艺术形式运用相比，数字媒体艺术完全可以说是一场多学科、多领域相互协作、共同构建一个新的艺术形式的大会战；从艺术的形象方面而言，其也不再仅仅局限于艺术作品视觉及美感的享受，更是多种艺术、多种美感的结合，具有更为丰富的艺术表现力。

（二）大众性

艺术遇到科技，对人们而言更多的是一种吸引，其能够把更多的人吸引到艺术道路之中。数字媒体艺术表现出的大众艺术氛围使其具有一种更为平民化的艺术特征。对每一类艺术作品来说，都需要较长时间的制作才能够形成，而正是这一特点的存在使艺术在很多人眼中是高高在上的。随着艺术作品依靠科技所带来的普及化发展，人们在重复性操作的过程中也能够产生具有一定水平的作品。对此，我们可以说在这种互动交流及数字媒体作用下，能够更好地体现出数字媒体艺术所具有的大众化特点。

（三）虚拟时空性

在数字媒体艺术实际创作、传播的过程中，数字技术是非常重要的，且其同传统学科如理学、人体工程学等也存在着较为密切的联系。只有将传统知识同数字技术进行很好的搭配，我们才能够创作出更容易被人接受、具有更好视觉效果的艺术作品。数字媒体艺术在现实生活中为艺术家提供了一个良好的虚拟时空创作途径，即将现实的情景放在不同的时间和空间，采用虚拟的方式加以连接，并且进行艺术整合，使得人们进入一个虚拟的世界。在这个虚拟的世界中，人们实现了自己的理想。在现实生活中，处于各个地区的人们很难对不同地区的角落及特征进行观察，但数字化虚拟现实技术的应用却能够帮助人们实现超越时空的愿望。

（四）互动性

互动性指数字媒体艺术可以在受众与作者之间形成某种场景艺术氛围，使受众与场景之中的典型形象进行情感互动，从而在沟通的过程中实现情感的自然流动。互动性并不意味着是双方的情感互动，它是通过多方面、多层次、多时间和多空间进行情感沟通的一个艺术过程，在这个过程中完美地体现出数字媒体艺术的美学特征。值得一提的是，无论在何种情况下，网络存在是实现数字媒体艺术互动的重要前提。无论何时何地，人们只要接通网络，就可以与艺术家进行互动，且艺术家也能够在此过程中根据自身的认知情况对作品进行修改与加工。数字媒体艺术是读者同作者之间联系的桥梁，可对艺术作品所具有的含义进行充分的体现和展示，并可将作品在原有基础上进行更多的拓展。通过网络这种途径，作品的观赏者可充分对艺术品的独特意味进行感受，并可与作者形成一种良好的互动。这种互动可以称为艺术同非艺术的互动，可促进人们艺术水平的共同进步。

（五）非物质性

在传统的艺术中，人们往往会认为在艺术作品中都会存在着一定的共同特性，即形象存在着一定的可感性。这种特征之所以存在，物质性是非常重要的一个前提，也正是在这种情况下，艺术作品才能够较好地呈现在人们的视听体验中，并获得较好的感官效应。在数字化艺术中，其以编码作为物化语言，能够有效地改善以往艺术作品过分依赖实物介质的状况。在数字媒体艺术中，计算机作为艺术创作的工具，能够将虚拟的数字化创作转化为另一类艺术形态，即我们所说的非物质艺术，其将艺术家引领到了一个自动化、数字化的领域。

在数字媒体时代，传统的艺术形式得到了无比广阔的延伸，传统的艺术审美理念也被重新定义和诠释，只有把握住数字媒体艺术的美学特征，才能进行深入的探索，从而对现代艺术进行正确和科学的定位。

第三节　数字媒体艺术的设计美学特征

数字技术的发展使得数字媒体艺术在艺术文化范围内得到了广泛的运用。诸多艺术家及设计师都竭尽全力通过数码"工具箱"来获得自身创作的新灵感，他们想要获得效果更佳的表现效果和创作途径，并最大限度实现自己的艺术追求和理想。数字时代的快速发展高度融合及协调了艺术设计者、艺术对象、艺术材料、艺术理念、传达方式，在很大程度上使各种艺术元素实现了互动，并使表达出的新审美特质与传统的艺术特征存在着诸多差别。

一、设计美学内涵

（一）研究对象

在设计美学领域，它的研究对象涵盖了艺术设计所面向的总体，通常情况下，它包括以下内容：设计产品所具备的美学性质，这囊括了设计美学的性质、组成、分类、艺术风格，以及设计美学所蕴含的创造性、文化底蕴及形式美等；设计过程中的美学事宜，包括在产品开发、生产过程中设计师自身的地位和重要性，设计师所具备的艺术修养、审美理念和情趣、艺术特征、设计模式，以及社会审美品位、科技、来自市场方面的需求信息、生产制作和形式法则等；在产品消费领域所要求的美学事宜，囊括了消费心理、文化、时代流行趋势和风尚、民族消费心理和消费信息回馈等；部门设计美学，包括建筑、设计、环境设计美学；设计美学史，包括设计风格、设计心理发展史和部门设计史等。

（二）设计美学的中心问题

在设计美学领域，最为重要的两对关系是人与物、功能与形式之间的关系。

1. 人与物的关系

人与物的关系是美学立论的基础。在美学设计过程中，设计者的主体地位得到了高度重视。在产品设计过程中，人性化得到了充分体现，"宜人化"成了美学设计的根本原则之一。需要说明的是，尽管设计美学高度重视人的主体地位，然而设计美学不能将这种设计理念和设计思想变得过于绝对。对设计美学而言，人与自然及人与物的和谐是最高境界。

2. 功能与形式的关系

在设计过程中，对非艺术品来说，功能是它的本质特性。产品功能是实现功利的基础和根本。艺术设计与艺术创作存在很大区别，从根本上来讲是因为设计还要追求功利。设计出来的产品，除了用于欣赏之外，还必须具备某些功能，满足某些需要。产品的功能是重要的，但是也不能忽略设计形式，这是因为形式还体现出人们对产品本身的精神需求，忽略了形式等于否定了人的精神需要。

二、数字媒体艺术与设计美学的结合和发展

设计是一门综合性很强的学科。在数字媒体艺术时代，综合性得到了进一步的强化。数字技术的发展为当代设计艺术提供了新的创作工具、设计介质的同时，对学科之间的交叉、综合提出了要求。新的设计形式和设计方式打破了传统学科之间的专业界限，当代设计已不再局限于单一的学科专业，已经成为一种能够融合多种学科的载体。数字技术将图像、声音、文本、动画、音频等多种元素或形式进行整合，丰富和突破了原有的设计艺术语言和表现形式，提高了作品的感染力。当代设计越来越注重艺术与科学的关系。当代设计者不仅从与之相邻的学科内获取知识，还在与之相距甚远的学科领域去研究和探讨设计问题。传统的学科界限被打破，行业间的界限也在数字空间中逐渐变得模糊，因此设计者需要越来越多的专业以外的知识，将生物学、物理学、数学、心理学、音乐、摄影等相关学科的成就综合运用到设计中。

在以往的人类审美体验中，一种艺术形式往往只具备1~2种审美特性，如绘画的意象感、音乐的沉浸感等。但是，数字媒体艺术时代新兴设计形式的出现，给我们带来了全新的审美体验，如交互媒体设计、数字影像艺术、虚拟现实设计、新媒体艺术，这些设计形式基本都综合了文本、图形、图像、音乐、视像、动画等元素，满足了人们的视听感受，给人们带来一种全新的审美体验。数字媒体艺术时代下的新设计形式通常具备审美体验

的多样性和综合性。比如虚拟现实，虚拟现实具备"三感"特征，即沉浸感、构想感、交互感，而虚拟现实的审美特征包含在"三感"之中。人类社会中的绝大部分审美体验都可以在虚拟现实作品中得到体现，这是人类审美在数字化时代的综合体现。此外，数字媒体艺术时代特有的思维方式不同于传统设计中所体现出来的设计思维，也不同于日常生活中的具象思维，如网络的出现促进了信息的传递，给人类提供了一种新的传播媒介，同时也创造出一种新的交流方式。设计者可以在网络上跨地域进行协同创作，设计作品的主体和客体在一定意义上跨越了空间。另外，这种类似于电影的假定性真实的思维方式，带来了设计精神及审美愉悦体验的超越，使主体与客体混淆在数字媒体艺术中，获得了极度的快感和欲望的释放。

三、数字媒体艺术时代的设计美学特征

在数字媒体艺术时代，数字技术的发展运用不仅对设计者自身审美经验产生了冲击，也对设计主体面对客体的方式进行了重新建构。这也在很大程度上对设计表述方式、过程产生了重大的影响，新的设计理念也持续不断地拓展了新的空间，社会文化、设计学科之间进行了重新整合。在数字媒体艺术时代，设计表述方式、过程的变化主要有以下几个方面：

（一）作为设计主体的设计者认知与表述

互联网的出现导致信息膨胀，也在一定程度上提高了认知效率。同时，技术信息及艺术信息的有效传播促进了边缘设计主体的衍生。计算机的操作才能加上艺术才能，仿佛才是数字艺术时代的必需。软件版本的快速更新、新技术的不断涌现要求设计主体也必须不断地提升自我认知，一方面做到技术和艺术的完美结合，另一方面要适应新时代下新的要求和挑战。从传统手绘到数字手绘、从二维手绘到三维手绘、从单一手绘到全面手绘，设计表现过程中的表述方法对作为设计主体的设计者产生了重大的影响。无论是软件的进一步改良还是硬件性能的进一步攀升，都在强调设计者在自我的认知行为及方式上要加快速度。在早期的印刷文明影响下成长起来的设计主体往往缺乏必要的设计应用软件操控能力，而专门从事软件开发运用的专家又缺乏艺术精神，这是我们常常看到的情况。

（二）设计客体认知结构的变化

数字媒体艺术时代是一个读图的时代，是一个视像的时代。首先，信息的膨胀无论对设计主体还是客体都有着重大的影响，一方面海量的信息资源不可避免地造成设计客体的审美趋向复杂，另一方面提高了设计客体的审美能力。其次，互联网资源共享的便利性改变了既往"劳动即有收获"的结构，大量免费的设计资源、设计资料、设计理论能使更多的设计客体转化成设计主体，再加上计算机应用软件的使用，设计客体俨然就是设计者。最后，设计新形式的出现也造就了设计主客体的共同参与，诸如网页艺术设计、网络游戏等都需要主、客体共同去构建一个整体。

（三）设计表述形式及技巧的进一步拓展

随着数字技术的飞速发展，计算机软硬件越来越适合设计表述，新的设计形式也在不断涌现，同时运用于设计表述的技巧方式也不断得到突破。从传统的二维空间表现，到设计者运用数字技术进行三维空间效果的表达，再到能将复杂的思维空间、动态空间直观而形象地表现出来，设计在今天似乎变得轻而易举。未来，随着技术的不断发展，设计必定会涌现更多的表述形式及技巧。

（四）既有审美经验的攀升与忧思

数字媒体艺术时代，设计介质、设计行为、设计工具等的改变使得当代设计具有了区别于传统审美的新的审美形式。新的审美形式的出现，又对数字技术提出了更高的要求。在严谨的审美态度下，设计者必须提高自我审美意识。艺术的价值应是设计者具有的艺术才华和设计思想。设计者只有重视创造性思维的拓展与能力的提高，才能设计出富有艺术魅力的、有意义的作品。虽然数字技术能够为我们提供一种简单、便宜、快速的生产模式，但是在这种设计生产模式下，工具的便利性往往会造成个人设计风格的丧失。设计终究是一种创造活动，需要设计师的创造性思维作为支撑。设计者如果过于依赖数字技术所带来的变幻无穷的艺术形式，极有可能会慢慢丢失思维的敏锐性。虽然数字媒体艺术时代我们构建了新艺术观念和美学范式，但它们还是以传统艺术作为本质特征的。在学科大融合的今天，如何找到更适合数字媒体艺术的新审美构建是我们面临的挑战。

参考文献

[1] 陈念群.数字媒体创意艺术 [M].北京：中国广播电视出版社，2006.

[2] 陈永东，王林彤，张静.数字媒体艺术设计概论 [M].北京：中国青年出版社，2018.

[3] 程禹.数字媒体平面艺术设计综合精粹案例教程 [M].北京：中国青年出版社，2017.

[4] 邓逸钰，王垚.数字媒体艺术概论 [M].北京：海洋出版社，2014.

[5] 宫承波，田旭，梁培培.数字媒体艺术导论 [M].北京：中国广播电视出版社，2014.

[6] 黄瑞芬.数字媒体环境与视觉艺术创新 [M].长春：吉林美术出版社，2019.

[7] 李海峰.数字媒体与应用艺术 [M].上海：上海交通大学出版社，2010.

[8] 李抒燃，林义淋.数字媒体艺术在现代设计中的应用 [M].成都：四川大学出版社，2019.

[9] 李淑英.信息化视域下数字媒体艺术的发展 [M].长春：吉林大学出版社，2018.

[10] 李四达.数字媒体艺术简史 [M].北京：清华大学出版社，2017.

[11] 李雅洁.中国数字媒体艺术教育导论[M].石家庄: 河北美术出版社，2018.

[12] 李英梅.数字化时代下的新媒体艺术教育 [M].上海：上海教育出版社，2017.

[13] 刘慧，狄丞，沈凌.数字媒体艺术概论 [M].武汉：华中科技大学出版社，2016.

[14] 宋书利.重构美学：数字媒体艺术研究 [M].北京：中国国际广播出版社，2018.

[15] 田丰，许昊骏，李御之.人工智能与电影特效制作及应用 [M].上海：上海科学技术出版社，2021.

[16] 汪代明.数字媒体与艺术发展 [M].成都：巴蜀书社，2007.

[17] 王虎.数字媒体艺术 [M].武汉：华中科技大学出版社，2010.

[18] 王艳妃.数字媒体艺术的应用研究 [M].长春：吉林美术出版社，2019.

[19] 徐晨.数字媒体技术与艺术美学研究 [M].北京：北京工业大学出版社，2020.

[20] 徐耘.数字时代背景下的中学新媒体艺术教育研究 [M].上海：上海交通大学出版社，2019.

[21] 俞洋.数字媒体艺术与传统艺术的融合研究 [M].长春：吉林人民出版社，2020.

[22] 张安妮.数字媒体艺术理论与实践 [M].北京：新华出版社，2020.

[23] 赵贵胜.数字媒体艺术应试技巧 [M].上海：上海音乐出版社，2016.

[24] 邹梅，董璐.数字媒体艺术 [M].成都：电子科技大学出版社，2016.